朗妈 ▓ 编著

我家宝贝爱吃饭

U0189863

国家一级出版社　中国纺织出版社　全国百佳图书出版单位

图书在版编目（CIP）数据

我家宝贝爱吃饭 / 朗妈编著. -- 北京：中国纺织
出版社，2018.8

ISBN 978-7-5180-5157-1

Ⅰ.①我…Ⅱ.①朗…Ⅲ.①婴幼儿—食谱 Ⅳ.
①TS972.162

中国版本图书馆CIP数据核字（2018）第136875号

责任编辑：韩 婧　责任印制：王艳丽

中国纺织出版社出版发行

地址：北京市朝阳区百子湾东里A407号楼 邮政编码：100124

销售电话：010—67004422　传真：010—87155801

http://www.c-textilep.com

E-mail:faxing@c-textilep.com

中国纺织出版社天猫旗舰店

官方微博http://weibo.com/2119887771

北京市雅迪彩色印刷有限公司印刷 各地新华书店经销

2018年8月第1版第1次印刷

开本：710×1000 1/16　印张：12

字数：120千字　定价：49.80元

聪明妈妈的食物魔法

你相信吗？每个妈妈都是天生的魔法师，不管是新手妈妈或是厨房菜鸟，都可以为了宝贝成为玩转食物的魔法师，因为我们有个共同的称呼——妈妈。

小孩子都是喜新厌旧的，他们对这个世界充满好奇，如果你一天三顿都给他吃一样类型的饭菜，他势必要反抗！所以妈妈这个魔法师角色就要开始挥舞魔法棒啦，在宝贝的饭菜上多花些心思，让它们变得丰富多彩起来。妈妈不仅要培养宝贝的想象力，自己的想象力也要不断进步哦！

米饭一定是白色的吗？蛋羹一定是黄色的吗？饼干一定是圆形的吗？这些答案是什么，需要你用心去体会，也可以在我的书里找到答案。

你家的餐桌只有中餐吗？妈妈也可以为宝贝做点西餐，做点中西融合餐，做点创意菜。别小看这些小家伙的味蕾，他们可是很识货的！

朗朗有个时期超爱意大利面，每次问她今天想吃点什么时，她的回答一定是意大利面。那个时候我会变着花样和口味给她做意大利面，每次吃完面她都像个小花猫，满嘴、满身都是番茄酱。但她吃得很开心，我看着也很满足。

妈妈不要担心自己什么都不会做，其实你一定可以的。因为看着宝贝大口大口地吃着你做的饭，就是对自己最大的鼓励与激励。说到方法，你可以从书里找到你想要的所有答案，这里包含了宝贝的创意菜怎么做、宝贝的蔬菜怎么变着花样做，甚至是宝贝的零食，主食怎么做，甜品怎么做等，都会手把手教给你。只要你挎上菜篮子勇敢地迈出第一步，就意味着成功。

宝贝的成长路上，妈妈一直在不断地鼓励着他们的进步，其实有时也要积极地、不吝啬地鼓励自己一下，因为我们每天也在进步着、成长着。

让我们为自己的进步鼓掌加油吧！让宝贝的餐桌从此丰富多彩起来，相信我们都是伟大的食物魔法师。

目录
Contents

第一章

我爱 ♥ 饭饭 11

第二章

我爱 ♥ 喝粥 53

第三章

我爱 ♥ 面点 75

$$$
第四章

我爱♥吃菜 137

第五章

我爱♥零食 167

我爱 ❤ 饭饭

小老虎造型饭团

准备时间：10分钟
烹饪时间：10分钟

用料

米饭1碗

鸡蛋1个

海苔1张

调料

盐1茶匙（5克）

植物油适量

小贴士

最好选择用不粘锅以小火摊鸡蛋皮，这样保证不会失败哦！

做法

1.将鸡蛋打成蛋液，在油锅中摊成鸡蛋皮备用。

2.带上一次性手套，在米饭中加入少许盐搅拌均匀，将米饭捏成一大两小的三个饭团。

3.将大饭团压扁做成小老虎的头，将小饭团压扁，放在饭团上方的左右两侧，做小老虎的耳朵。

4.将鸡蛋皮盖在饭团上，切掉多余的外轮廓边，挖去耳朵和嘴巴部分位置的蛋皮。

5.将海苔用剪刀剪出小老虎的各种轮廓线。

6.将剪好的海苔贴在饭团上，进行适当修剪即可。多余的米饭和蛋皮可放在小老虎周围装饰用。

慢时光，好时光：

三文治饭团

准备时间：10分钟
烹饪时间：10分钟

用料

熟米饭1碗（大米、小米混合）

午餐肉100克

西蓝花50克

海苔2～3张

调料

芝麻2茶匙（10克）

盐1茶匙（5克）

植物油适量

做法

1.西蓝花掰成小朵，洗净，放入沸水中焯水，捞出，控干水分备用。

2.将沥水后的西蓝花切成细末，加芝麻和盐调味，充分搅拌均匀。

3.将午餐肉从盒中取出，切成厚片，放入油锅中煎至两面呈金黄色备用。

4.利用午餐肉的包装盒，在盒里铺入一层保鲜膜，放入一层米饭、一层西蓝花。

5.再铺上一层米饭，用勺背压实压平取出。

6.在米饭上放上一片午餐肉，用海苔片卷起来即可。

小狗洗澡喽！

鸡肉咖喱饭

准备时间：10分钟
烹饪时间：30分钟

用料

鸡腿4个

土豆1个

胡萝卜1根

洋葱1/2个

熟米饭适量

调料

植物油2汤匙（30毫升）

咖喱酱1盒

巧克力豆2颗

海苔适量

做法

1.将鸡腿洗净，去骨，切块；土豆、胡萝卜去皮，切块；洋葱去根、外皮，切丝。

2.锅中倒入适量植物油，烧至七成热的时候放入洋葱煸炒出香味，随后放入鸡块炒至变色，再放入土豆、胡萝卜翻炒约10分钟。

3.向锅中倒入适量热水，烧开，放入咖喱酱焖煮15分钟，熄火，盛入准备好的椭圆形的碗中。

4.小狗的制作：用保鲜膜包住适量白米饭，团成一头大一头小的椭圆，形成小狗的头部形状。

5.去掉保鲜膜，将2颗巧克力豆安在头部眼睛部位。

6.再将海苔剪出小狗鼻子形状，贴在小狗的鼻子部位。把海苔剪成嘴唇形状，贴在嘴巴部位成为小狗的嘴巴。

7.再用上面的方法做出小狗的两只耳朵和四肢，用海苔贴出小狗脚掌。

8.轻轻把小狗的各个部位组装到"澡盆"中即可。

绝对够味儿的好饭！

新疆手抓饭

准备时间：10分钟
烹饪时间：80分钟

羊肉的营养成分列表（每100克中含）					
成分名称	含量	成分名称	含量	成分名称	含量
能量（千焦）	460	蛋白质（克）	18.6	脂肪（克）	3.2
碳水化合物（克）	1.6	维生素A（毫克）	10	维生素E（毫克）	0.5
钙（毫克）	7	磷（毫克）	181	钾（毫克）	108
钠（毫克）	74.4	锌（毫克）	2.21	铁（毫克）	2.4

用料

羊腿肉100克

胡萝卜丝20克

大米100克

紫洋葱丝40克

葡萄干少量

调料

盐2克

生抽30毫升

孜然粒1茶匙（5克）

蒜末1茶匙（5克）

植物油适量

小贴士

正宗的新疆手抓饭是不会加生抽的，但是吃起来比较膻气，孩子可能不会喜欢，所以为了更适合孩子的口味，可以适当的在抓饭里面添加一些生抽，去膻提鲜，味道相当不错哦。

做法

1.大米用水浸泡2小时后，再用热水淘2遍备用。

2.羊腿肉切小块，用水焯过后，加生抽、盐炖40分钟，捞出备用。

3.锅中加少量植物油，将蒜末、洋葱丝炒出香味，再入胡萝卜丝翻炒，撒少许盐调味后盛出。

4.另起锅热油后放入煮好的羊肉，煎炸出焦香味，放入刚炒好的菜丝，再放泡好的大米，翻炒后放入水（水量是食材的1/2），水开后转小火炖煮40分钟后熄火即可。在炖煮的过程中可以依据口味入适当的盐、孜然粒、葡萄干。

鱿鱼花拌饭

准备时间：20分钟
烹饪时间：10分钟

用料

熟米饭100克

鱿鱼100克

香菇、洋葱、胡萝卜各20克

豆芽35克

鸡蛋1个

调料

甜辣酱30克

植物油适量

香油3毫升

芝麻、盐各1克

鱿鱼的营养成分列表（每100克中含）					
成分名称	含量	成分名称	含量	成分名称	含量
能量（千焦）	314	蛋白质（克）	17	脂肪（克）	0.8
钙（毫克）	43	维生素A（毫克）	16	维生素E（毫克）	0.94
锌（毫克）	1.36	磷（毫克）	60	钾（毫克）	16

1　2　3　4

做法

1.将豆芽、胡萝卜、洋葱、香菇洗净，切细丝，焯熟，捞出备用。

2.鱿鱼洗净，切片，再切花；将锅烧热，倒入植物油，待油热后，放入鱿鱼花煸炒，起锅前放入盐调味，将鱿鱼花装盘备用。

3.用小火加热锅中的植物油，打入一个生鸡蛋，待鸡蛋完全煎熟时，盛出。

4.将熟米饭盛入碗中，在表面呈扇状铺上备用的各色蔬菜和鱿鱼花，摆上煎好的鸡蛋，撒上点芝麻及甜辣酱，搅拌均匀食用即可。

宇宙无敌的美味！

印尼炒饭

准备时间：15分钟
烹饪时间：10分钟

用料

米饭80克
洋葱10克
青豆10克
鸡肉50克
虾肉20克

调料

蒜蓉酱10克
番茄沙司15克
生抽5毫升
盐1克
植物油适量

鸡肉的营养成分列表（每100克中含）					
成分名称	含量	成分名称	含量	成分名称	含量
能量（千焦）	699	蛋白质（克）	19.3	脂肪（克）	9.4
碳水化合物（克）	1.3	维生素A（毫克）	48	胆固醇（毫克）	106
钙（毫克）	9	磷（毫克）	156	维生素E（T）（毫克）	0.67
钠（毫克）	63.3	镁（毫克）	19	钾（毫克）	251
锌（毫克）	1.09	硒（毫克）	11.75	铁（毫克）	1.4
锰（毫克）	0.03	碘（毫克）	12.4	铜（毫克）	0.07

做法

1.将洋葱洗净，去掉外皮、根，切成小粒；将鸡肉和虾肉洗净，切成0.5厘米的小粒。

2.小火烧热锅中的植物油，待油温在六成热左右时，放入洋葱粒炸至金黄色，捞出，沥净油，备用。

3.中火烧热锅中的植物油，待油温烧至七成热时，放入鸡肉粒、虾肉粒和青豆粒翻炒均匀，倒入米饭继续炒匀。

4.待米饭炒匀后，调入蒜蓉酱、番茄沙司、生抽、盐拌炒均匀，盛入盘中，撒上炸好的小洋葱粒即可食用。

一碗不过岗！

肉末茄子盖米饭

准备时间：10分钟
烹饪时间：15分钟

用料

茄子200克

肉末50克

调料

葱、姜各3克

酱油2茶匙（10毫升）

白糖1茶匙（5克）

植物油1汤匙（15毫升）

料酒适量

泰国香米饭1碗

小贴士

焖烧时间不宜过长，否则茄子过于软烂而会影响口感。

茄子的营养成分列表（每100克中含）					
成分名称	含量	成分名称	含量	成分名称	含量
能量（千焦）	88	蛋白质（克）	1.1	脂肪（克）	0.2
碳水化合物（克）	4.9	膳食纤维（克）	1.3	胡萝卜素（毫克）	50
钙（毫克）	24	维生素A（毫克）	8	维生素E（毫克）	1.13
钠（毫克）	5.4	维生素C（毫克）	5	钾（毫克）	142
锌（毫克）	0.23	磷（毫克）	23	铁（毫克）	0.5

1

2

3

4

做法

1.将茄子洗净，切成长条；葱、姜切末备用。

2.油锅烧热放入少许植物油，放入肉末煸炒至变白，盛起备用。

3.锅烧热放油，待油热时放入茄子条，煸炒至茄子条由硬变软时放入肉末、酱油、葱末、姜末、料酒、白糖和少量水，盖上锅盖焖烧，炒匀即可出锅。

4.将肉末茄子盛入泰国香米饭碗中就可以啦。

尝一口，你就停不下！

香浓狮子头饭

准备时间：15分钟
烹饪时间：40分钟

猪肉的营养成分列表（每100克中含）					
成分名称	含量	成分名称	含量	成分名称	含量
能量（千焦）	1201	蛋白质（克）	17.3	脂肪（克）	22.9
碳水化合物（克）	2.9	维生素A（毫克）	16	维生素E（毫克）	0.58
钙（毫克）	5	磷（毫克）	181	钾（毫克）	137
钠（毫克）	122.3	镁（毫克）	16	铁（毫克）	3.5
锌（毫克）	2.07	硒（毫克）	32.48	铜（毫克）	0.22

用料

猪前肘肉250克

油菜心3棵

米饭1碗

调料

葱末1茶匙（5克）

姜末1茶匙（5克）

淀粉2茶匙（10克）

料酒、盐各适量

香葱粒适量

小贴士

1.制作肉丸子时，可先将双手蘸湿，避免肉馅黏手。

2.为了节省烹饪时间，也可以将狮子头做得小些，减少蒸的时间。

3.当然也可以直接买现成的绞肉馅，但要注意肥瘦搭配，最好是七成瘦三成肥，这样做出的狮子头会很香哦！

做法

1.油菜心择洗干净；香葱切小粒。

2.前臀尖肉先切成小块，再剁成肉馅，过程中加入葱末、姜末一起剁碎，调入淀粉、料酒和盐，并搅拌均匀。

3.将和好的猪肉馅均分成4份，分别在蘸了水的手中团成大丸子。

4.大丸子放入一个大碗中，缓缓注入适量清水，没过肉丸，放入蒸锅中，隔水大火蒸40分钟。

5.另取净煮锅，用沸水将油菜心焯熟，取出沥干水分后，整齐地码入另一个盘中，再将蒸好的狮子头移入此盘中，并淋入清蒸狮子头的肉汤，表面撒上香葱粒。

6.最后把刚出锅的美味米饭装入上述盘中即可。

经典中的经典哦！

蒜香猪排饭

准备时间：15分钟
烹饪时间：10分钟

28

用料

猪大排1块

圆白菜30克

胡萝卜20克

熟米饭1碗

芝麻适量

腌肉调料

盐1克

蒜蓉5克

料酒5毫升

蚝油10毫升

五香粉1克

调料

干淀粉15克

鸡蛋1个

植物油20毫升

葱、姜末各3克

冰糖5克

老抽8毫升

大料2个

盐1克

做法

1.猪大排洗净沥干水分，用松肉锤或刀背在正反两面敲几下，让肉的筋膜断开，保证口感更嫩。

2.猪大排加入盐，用手抓拌均匀至肉表面有黏液，加入蒜蓉、料酒、蚝油、五香粉，拌匀，腌渍30分钟。

3.圆白菜和胡萝卜分别洗净、切块，焯烫后备用。

4.将腌好的猪大排两面裹一层鸡蛋液，然后再薄薄地蘸一层干淀粉。

5.平底锅加热，倒入植物油，烧至五成热时放入腌好的猪大排，煎至表面变黄后捞出。

6.将炒锅加热，倒入植物油，爆香葱姜末，加入冰糖小火炒成焦糖浆，加入炸好的猪大排翻炒裹好糖色，再倒入清水300毫升，加入老抽、大料。

7.加盖用中火炖30分钟左右，汤汁收浓时加盐调味，再用小火炖5分钟左右。

8.将猪大排码到蒸好的米饭上，再配上圆白菜、胡萝卜块，撒上芝麻即可。

吃了就会变"一休"：

金枪鱼炒饭

准备时间：15分钟
烹饪时间：10分钟

用料

熟米饭100克

金枪鱼罐头50克

香菇、青豆、胡萝卜各10克

鸡蛋1个

调料

酱油6毫升

葱5克

盐2克

胡椒粉3克

植物油10毫升

做法

1.将金枪鱼罐头取出，放在微波炉中，中火加热烤3分钟，取出撕成细丝备用。

2.蔬菜洗干净后，将泡发的香菇、去皮后的胡萝卜切丁；葱切成葱花备用。

3.将鸡蛋打散成蛋液；锅中热油，待油八成热后，将鸡蛋倒入锅中炒熟，盛碗备用。

4.锅中热油，待油五成热时，倒入切好的蔬菜丁和青豆，翻炒，待蔬菜熟时倒入撕好的金枪鱼丝和熟米饭继续翻炒，当所有的材料都炒匀后，加盐、胡椒粉、酱油调味。

5.再将鸡蛋倒入锅中炒匀后出锅盛盘，撒上葱花即可。

咖喱永远都有好人缘：

咖喱鸡肉饭

准备时间：20分钟
烹饪时间：15分钟

用料

鸡腿1个

土豆30克

洋葱、胡萝卜各20克

米饭适量

甜豆、黑芝麻各适量

调料

鸡汤100毫升

咖喱酱1/2盒

橄榄油1汤匙（15毫升）

做法

1.将土豆、胡萝卜、洋葱、甜豆洗净，沥干水分，土豆和胡萝卜去皮，切成滚刀块，放入沸水中煮熟；洋葱切块；甜豆放入沸水中，焯烫熟捞出，沥干水分备用。

2.鸡腿去骨，洗净，切成块，在煮锅中煮熟，捞出沥干水分备用。

3.大火烧热炒锅中的橄榄油，待油温烧至七成热时，放入鸡块、洋葱煸炒出香味，然后放入胡萝卜块、土豆块继续翻炒，约5分钟后，加入鸡汤搅拌均匀，略煮。

4.待汤沸后，放入咖喱酱煮至融化，盖上锅盖，继续煮15分钟，熄火，盛入碗中，配上撒有黑芝麻的米饭和甜豆即可。

绝对超越"吉野家"哦！

照烧鸡腿饭

准备时间：20分钟
烹饪时间：15分钟

用料

熟米饭100克

鸡腿100克

西蓝花30克

香菇30克

调料

植物油10毫升

蜂蜜2毫升

生抽4毫升

料酒3毫升

盐、白糖各1/2茶匙（3克）

做法

1.鸡腿洗净，去骨，用刀拍打几下，依次处理好所有的鸡腿，放入容器，加料酒、盐腌渍约30分钟备用。

2.将料酒、蜂蜜、生抽、白糖混合均匀，调制成照烧酱汁备用。

3.将香菇泡水，西蓝花洗净，掰成小朵；待香菇完全泡发后，和西蓝花一起放入锅中，加水，放入几滴植物油和少许盐，用开水焯熟，过凉水，沥去水分后加入盐搅拌均匀。

4.平底锅倒入少许植物油，烧热后鸡皮朝下放入腌渍好的鸡腿，煎的时候用铲子不断地在肉上压，待鸡皮煎至金黄色翻面，煎熟备用。

5.待鸡腿两面金黄后浇入照烧酱汁，用小火收汁，中间要不停地搅动，以免烧煳；汁不必收干，留一点后续浇到米饭上；将烧好的肉取出，切块备用。

6.取来容器盛入米饭，再取一点烧鸡肉的汁浇到米饭上，摆上几块鸡腿肉和蔬菜即可。

此时无肉胜有肉：

香菇油饭

准备时间：5分钟
烹饪时间：25分钟

香菇的营养成分列表（每100克中含）					
成分名称	含量	成分名称	含量	成分名称	含量
能量（千焦）	883	蛋白质（克）	20	脂肪（克）	1.2
碳水化合物（克）	61.7	膳食纤维（克）	31.6	胡萝卜素（毫克）	20
钙（毫克）	83	维生素A（毫克）	3	核黄素（毫克）	1.26
钠（毫克）	11.2	维生素C（毫克）	5	维生素E（毫克）	0.66
锌（毫克）	8.57	铁（毫克）	10.5	钾（毫克）	464

用料

干香菇5朵

长粒米130克

调料

虾皮2克

糖5克

料酒1茶匙（5毫升）

生抽2茶匙（10毫升）

老抽1茶匙（5毫升）

植物油10毫升

小贴士

1.米最好选长粒大米，比一般的大米吸水少，做出来的饭不会太黏。

2.给孩子做饭可以在做调味汁的时候先不放盐，最后拌饭的时候尝一下，如果觉得淡再加一点盐。

做法

1.干香菇用温水泡软（水留用），去蒂，切成小丁；虾皮洗净。

2.长粒米洗净，加入1倍的水放入电饭锅煮熟，再闷20分钟。

3.煮饭的时候准备调味汁，将料酒、生抽、老抽、糖放入小碗中，加入80毫升泡香菇的水混合均匀。

4.锅内倒入植物油烧热，加入香菇丁和虾皮翻炒，再倒入调味汁，中小火煮3分钟，剩少许汤汁时关火。

5.将煮好的米饭和汤汁搅拌均匀即可。

茄汁蛋包饭

准备时间：20分钟
烹饪时间：15分钟

用料

熟米饭220克

青豆30克

鸡蛋2个

调料

番茄酱2汤匙（30克）

白胡椒粉2克

盐2克

植物油2汤匙（30毫升）

大米的营养成分列表（每100克中含）					
成分名称	含量	成分名称	含量	成分名称	含量
能量（千焦）	485	蛋白质（克）	2.6	钾（毫克）	30
碳水化合物（克）	25.9	膳食纤维（克）	0.3	铁（毫克）	1.3
灰份（克）	0.3	磷（毫克）	62	铜（毫克）	0.06
视黄醇（毫克）	0	镁（毫克）	15	锌（毫克）	0.92
尼克酸（毫克）	1.9	硒（毫克）	0.4	钙（毫克）	7

1

2

3

4

做法

1.将熟米饭放入大碗中，加入约20毫升的水，用大汤匙或用手将有结块的白饭抓散备用。

2.热锅，加入植物油，轻轻摇动锅子使表面都覆盖上薄薄一层油，转中火，倒入青豆及做法1的米饭，用锅铲将饭翻炒至饭粒完全散开，再加入番茄酱、白胡椒粉拌匀，持续翻炒至饭粒均匀上色后，熄火取出备用。

3.将鸡蛋打入碗中，与盐混合打匀备用。

4.加热平底锅，涂上适量植物油，转中小火，倒入做法3的蛋液，均匀摇动锅子使底面覆盖上一层蛋液，凝固煎成蛋皮后，中间包入做法2的炒饭，再倒扣至盘里即可（食用时可依喜好淋入适量番茄酱搭配）。

这饭谁也抵御不了：

台湾卤肉饭

准备时间：10分钟
烹饪时间：50分钟

五花肉的营养成分列表（每100克中含）					
成分名称	含量	成分名称	含量	成分名称	含量
能量（千焦）	1460	蛋白质（克）	7.7	脂肪（克）	35.3
钙（毫克）	5	维生素A（毫克）	39	维生素E（毫克）	0.49
钠（毫克）	36.7	硫胺素（微克）	0.14	钾（毫克）	53
锌（毫克）	0.73	磷（毫克）	67	铁（毫克）	0.8
硒（毫克）	2.22	镁（毫克）	5	铜（毫克）	0.13

用料

五花肉200克

米饭150克

小油菜适量

调料

蒜蓉20克

姜片3片

葱段2段

咖喱粉2克

料酒1汤匙（15毫升）

盐2克

糖1茶匙（5克）

八角2个

蚝油1/2茶匙（3克）

生抽3汤匙（45毫升）

植物油适量

小贴士

很多人认为将整块的五花肉剁成肉馅的过程太过繁琐，而直接选择市售的猪肉馅，而事实上只有将五花肉经自己剁成肉馅才能做出十分正宗的卤肉饭，肉的大小完全可以依照孩子的喜好来决定。

1　2　3　4

做法

1.将五花肉洗净，放入沸水中，加姜片、葱段煮约10分钟，捞出稍凉后捞出剁成肉馅。

2.锅中倒入植物油，烧至五成热时，放入蒜蓉、咖喱粉小火炒香，加入料酒、盐、糖、八角、生抽、蚝油，熬煮至微沸，加入温水、五花肉臊，转小火，加盖炖煮40分钟至肉熟软，熄火。

3.小油菜洗净，焯熟备用。

4.将蒸好的米饭盛入碗中，将肉汁淋在米饭上，再加入焯好的油菜即可。

你知道腰果在哪吗？

腰果大虾盖浇饭

准备时间：10分钟
烹饪时间：15分钟

大虾的营养成分列表（每100克中含）					
成分名称	含量	成分名称	含量	成分名称	含量
能量（千焦）	431	蛋白质（克）	18.6	脂肪（克）	0.8
碳水化合物（克）	5.4	维生素A（毫克）	82	胆固醇（毫克）	148
钙（毫克）	59	磷（毫克）	275	胡萝卜素（毫克）	400
钠（毫克）	168.8	镁（毫克）	63	维生素E（毫克）	1.64
锌（毫克）	1.78	硒（微克）	28.39	钾（毫克）	363
		铜（毫克）	1.48	铁（毫克）	2

用料

鲜虾100克

江米100克

黄瓜1根

腰果30克

调料

蒜蓉1汤匙（15克）

姜末1茶匙（5克）

水淀粉1汤匙（15毫升）

盐2克

植物油1汤匙（15毫升）

小贴士

腰果香而脆，入菜非常美味，在挑选腰果时要注意选择外观完整弯曲，色泽发白，果体饱满，气味芬香，油脂丰富，没有蛀虫、斑点者。另外，腰果入菜前，最好浸泡3～4小时。

1　2　3　4

做法

1.鲜虾去皮、去头、去虾线，冲洗干净；黄瓜洗净，去皮后切小粒。

2.江米淘洗干净，加水煮成米饭。

3.锅中倒入适量植物油，烧至七成热时放入蒜蓉、姜末煸炒出香味，然后加入虾仁、腰果翻炒，待虾仁变色后放入黄瓜，翻炒均匀，加入盐调味，最后淋入水淀粉勾芡熄火。

4.将香滑的腰果虾仁浇到米饭上一起食用即可。

想起来都要流口水：

意大利红烩饭

准备时间：10分钟
烹饪时间：30分钟

口蘑的营养成分列表（每100克中含）					
成分名称	含量	成分名称	含量	成分名称	含量
能量（千焦）	1013	蛋白质（克）	38.7	脂肪（克）	3.3
碳水化合物（克）	31.6	膳食纤维（克）	17.2	维生素E（毫克）	8.57
钙（毫克）	169	（β-γ）-E	4.71	钾（毫克）	3106
钠（毫克）	5.2	磷（毫克）	1655	铁（毫克）	19.4
锌（毫克）	9.04	镁（毫克）	167	铜（毫克）	5.88

用料

米饭100克

口蘑80克

番茄1个

芹菜30克

紫洋葱30克

调料

芝士碎1汤匙（15克）

番茄酱1汤匙（15克）

蒜蓉2茶匙（10克）

法香碎1茶匙（5克）

植物油适量

小贴士

用来做烩饭的米饭不要选择过于黏软的，要尽量将米饭做到粒粒分明，颗粒晶莹饱满，如果是半熟的米饭就最好了，在锅中用汤汁慢慢将其煨熟，口感更佳。

1　　2　　3　　4

做法

1.将口蘑洗净去蒂切片，番茄去皮，芹菜、紫洋葱洗净切成小块备用。

2.锅中放油，油热后将蒜蓉放入锅中翻炒出香味后，放入切好的番茄、芹菜、洋葱、口蘑炒熟，放入番茄酱加水熬煮。

3.待汤汁变少，将米饭倒入锅中，搅拌均匀，开小火煮到汤汁完全收干。

4.最后撒上芝士碎、法香碎即可。

奶酪焗饭

准备时间：15分钟
烹饪时间：15分钟

用料

奶酪100克

蒸熟的米饭100克

芦笋5根

腊肠3根

胡萝卜30克

调料

黑胡椒碎1茶匙（5克）

盐1/2茶匙（3克）

奶酪的营养成分列表（每100克中含）					
成分名称	含量	成分名称	含量	成分名称	含量
能量（千焦）	1239	蛋白质（克）	8.6	脂肪（克）	31
钙（毫克）	110	磷（毫克）	130	钾（毫克）	150
钠（毫克）	330	镁（毫克）	9	铁（毫克）	0.1
锌（毫克）	0.7	硒（毫克）	3	铜（毫克）	0.1

1　　　　　　2　　　　　　3

做法

1.芦笋洗净，去外皮，切丁；腊肠切丁；胡萝卜去皮切粒；奶酪刨成丝。

2.将蒸熟的米饭盛入烤盘中，芦笋、腊肠、胡萝卜、奶酪丝、黑胡椒碎、盐混合均匀，撒在米饭上。

3.放入已经预热好的烤箱，以200℃烤10分钟，待奶酪完全融化即可。

叉烧饭

准备时间：50分钟
烹饪时间：35分钟

里脊的营养成分列表（每100克中含）					
成分名称	含量	成分名称	含量	成分名称	含量
能量（千焦）	649	蛋白质（克）	20.2	脂肪（克）	7.9
钙（毫克）	6	维生素A（毫克）	5	胆固醇（毫克）	55
钠（毫克）	43.2	硫氨酸（微克）	0.47	维生素E（毫克）	0.59
锌（毫克）	2.3	磷（毫克）	184	钾（毫克）	317
镁（毫克）	28	硒（微克）	5.25	铁（毫克）	1.5

用料

米饭100克

里脊肉100克

调料

蒜5克

葱5克

白糖1茶匙（5克）

叉烧酱1汤匙（15克）

植物油2茶匙（10毫升）

水淀粉10毫升

做法

1.里脊肉清洗干净，在表面轻轻划开几个口，把蒜和葱剥去外皮，洗净切碎，放在一个碗里与适量叉烧酱调匀，做成调味酱汁备用。

2.把里脊肉放在小盆里，用调味酱汁腌制约45分钟。

3.先把烤盘预热2分钟，在烤盘上铺好锡箔纸，再把肉放进去烤15分钟。然后看到肉缩小了，取出翻面，再放进烤炉继续烤15分钟，叉烧肉就做好了。

4.烧热锅，放剩下的叉烧酱、糖、盐、料酒、水淀粉、少许清水，放在火上一边搅一边熬，收成略有稠度的汁。

5.在米饭上码上切成片的叉烧肉，再浇上熬好的浓汁即可。

小泰迪熊，乖乖的！

小熊寿司

准备时间：10分钟
烹饪时间：30分钟

用料

新鲜白米饭200克

寿司用海苔8张

火腿肠2根

调料

盐1茶匙（5克）

白醋1茶匙（5毫升）

酱油2汤匙（30毫升）

做法

1.白米饭做好后，盛出，摊开至基本变凉，加入少许盐、白醋搅拌均匀。

2.取1/3的白米饭加入适量酱油拌透，至每一粒米饭都裹上酱油就做成了酱油饭。

3.取1张寿司海苔片，放上细细的一条酱油饭，卷起来，依此法共做2条。

4.取1张寿司海苔片，铺上一层酱油饭，再放上1根火腿肠，然后卷起来，卷紧。

5.再取1张寿司海苔片，铺上白米饭，先放上2条细细的酱油饭卷，再在两条之间放上酱油火腿卷，再一并卷起来。

6.用刀把寿司卷切成1.5cm厚的小块，这时已经能看到很清晰的小熊造型了！

7.再用海苔片剪成小圆片，用来装饰小熊的眼睛和鼻子即可。

51

第二章

我爱 ♥ 喝粥 🍚

老爸也会做哦!

意式蔬菜清汤粥

准备时间：10分钟
烹饪时间：25分钟

54

用料

洋葱60克

蒜苗20克

红椒20克

菠菜叶50克

大米50克

调料

鸡汤500毫升

黄油20克

盐少许

奶酪粉30克

洋葱的营养成分列表（每100克中含）					
成分名称	含量	成分名称	含量	成分名称	含量
能量（千焦）	163	蛋白质（克）	1.1	脂肪（克）	0.2
碳水化合物（克）	9	膳食纤维（克）	0.9	胡萝卜素（毫克）	20
钙（毫克）	24	维生素A（毫克）	3	钾（毫克）	147
钠（毫克）	4.4	维生素C（毫克）	8	铁（毫克）	0.6
锌（毫克）	0.23	磷（毫克）	39	铁（毫克）	0.05

1　　　2　　　3

做法

1.将洋葱去掉外皮，去根，切成小丁；蒜苗洗净，掐去两头，切成小段；菠菜叶洗净，切碎；红椒去籽、蒂，切成小丁备用。

2.取一平底锅，放入黄油大火融化后，放入洋葱丁、蒜苗小段、菠菜碎、红椒丁炒出香味，再放入大米一起拌炒均匀后，炒至大米呈透明状。

3.向锅中倒入鸡汤，转小火慢慢熬煮至大米熟为止，最后以盐调味，起锅食用前撒上奶酪粉即可。

冬天里的一把火！

海味鳗鱼粥

准备时间：10分钟
烹饪时间：25分钟

鳗鱼的营养成分列表（每100克中含）					
成分名称	含量	成分名称	含量	成分名称	含量
能量（千焦）	757	蛋白质（克）	18.6	脂肪（克）	10.8
碳水化合物（克）	2.3	磷（毫克）	248	胆固醇（毫克）	177
α-E	2.87	镁（毫克）	34	维生素E（T）（毫克）	3.6
钙（毫克）	42	硒（微克）	33.66	铁（毫克）	0.47
钠（毫克）	58.8	锌（毫克）	1.15	钾（毫克）	207

用料

大米100克

鳗鱼80克

紫菜10克

鸡蛋2个

海带清汤适量

调料

植物油4毫升

香油2毫升

葱5克

盐2克

姜3克

做法

1.大米洗净，用清水浸泡2小时，捞出，沥水；姜切丝，葱切碎。

2.1个鸡蛋打散加盐调味，煎成蛋皮并切丝。

3.新鲜鳗鱼清洗干净后，用盐水冲洗，切成薄片。

4.用香油炒鳗鱼片，加入泡好的米，再加海带清汤和姜丝，滴植物油，大火煮沸转小火熬煮。

5.待米粒泡开，用盐调味；熄火之前，再打入1个鸡蛋。

6.将煮熟的粥装在容器中，将紫菜剪成丝，并放上鸡蛋丝，撒上葱花即可。

鲜，就是王道！

鲜菇海鲜粥

准备时间：10分钟
（不含浸泡时间）
烹饪时间：25分钟

三文鱼的营养成分列表（每100克中含）					
成分名称	含量	成分名称	含量	成分名称	含量
热量（千卡）	104	烟酸（毫克）	2.5	钙（毫克）	53
蛋白质（克）	17.8	维生素E（毫克）	1.23	镁（毫克）	23
脂肪（克）	3.6	胆固醇（毫克）	99	铁（毫克）	1.4
维生素A（微克）	20	钾（毫克）	277	锌（毫克）	1.17
胡萝卜素（微克）	1.2	钠（毫克）	57.5	磷（毫克）	190

用料

• • • •

大米50克

糯米30克

虾仁30克

三文鱼30克

香菇15克

调料

• • • •

葱10克

盐2克

姜2克

胡椒粉3克

做法

• • • •

1.大米和糯米混合后淘净，用热水浸泡1小时，沥干水分，加盐、胡椒粉调味，腌渍约15分钟备用。

2.姜切丝，葱切碎，香菇泡发后切粒。

3.虾仁洗净，用盐、胡椒粉腌渍；三文鱼洗净，用少许胡椒粉调味备用。

4.米放入砂锅中，放入姜丝，加热水，盖上砂锅盖，大火煮10分钟，揭开砂锅盖，再用中火煮20分钟。

5.将香菇粒、三文鱼、虾仁放入，中火煮10分钟，加盐、撒葱花即可。

南瓜菠萝粥

准备时间：10分钟
烹饪时间：35分钟

用料

南瓜250克

菠萝20克

葡萄干5克

糯米粉10克

调料

冰糖10克

炼乳5毫升

南瓜的营养成分列表（每100克中含）					
成分名称	含量	成分名称	含量	成分名称	含量
水分（克）	15.4	能量（千卡）	336	锌（毫克）	0.12
能量（千焦）	1406	蛋白质（克）	0.9	脂肪（克）	0.2
碳水化合物（克）	83.3	磷（毫克）	15	钾（毫克）	5
钙（毫克）	176	镁（毫克）	15	铜（毫克）	10.36
钠（毫克）	16.4	硒（毫克）	7.83		

1-1

1-2

2

3

做法

1.将葡萄干用凉水浸泡2小时，菠萝切丁；南瓜去皮，切成厚片，蒸熟后碾压成南瓜泥备用。

2.把南瓜泥放入锅中，加入适量水以小火煮沸，再慢慢加入糯米粉，边煮边用筷子搅拌成浓稠状。

3.在南瓜粥里加入泡好的葡萄干、菠萝丁，搅拌均匀，最后加入炼乳和适量冰糖即可。

少了芹菜还真的不行！

蜜汁南瓜粥

准备时间：10分钟
烹饪时间：15分钟

用料

南瓜100克

米饭100克

芹菜80克

调料

白糖1茶匙（5克）

蜂蜜1茶匙（5毫升）

小贴士

想要剩米饭做出香甜黏糊的粥也非常简单，在煮粥前，将剩米饭用清水浸泡，并且打散，在煮粥的过程中应当尽量保持小火慢熬，这样煮出来的粥就会喷香可口了。

芹菜的营养成分列表（每100克中含）					
成分名称	含量	成分名称	含量	成分名称	含量
能量（千焦）	84	蛋白质（克）	1.2	胡萝卜素（毫克）	340
碳水化合物（克）	4.5	膳食纤维（克）	1.2	维生素E（T）（毫克）	1.32
钙（毫克）	80	维生素A（毫克）	57	钾（毫克）	206
钠（毫克）	159	维生素C（毫克）	8	铁（毫克）	1.2
镁（毫克）	18	磷（毫克）	38	铜（毫克）	0.09

1　　2　　3

做法

1.剩米饭放入锅中，加入适量清水，熬煮沸腾后转小火，继续熬煮至稀饭变得黏稠。

2.芹菜洗净切成小丁、南瓜洗净去皮去籽切丁。

3.将切好的芹菜丁、南瓜丁放入稀饭中，搅匀，继续熬煮10分钟，加入白糖、蜂蜜搅拌均匀即可。

大名鼎鼎的！

皮蛋瘦肉粥

准备时间：5分钟
烹饪时间：60分钟

64

用料

松花蛋2只

瘦猪肉100克

大米100克

调料

料酒1汤匙(15毫升)

姜粉1/2茶匙（3克）

盐1/2茶匙（3克）

胡椒粉少许

葱花、姜丝少许

小贴士

瘦猪肉切成薄片后，可以用淀粉抓一下，这样煮出来的粥会比较嫩滑。

1 　2-1 　2-2 　3

做法

1.先把松花蛋去皮切成小丁，猪瘦肉切成片放在碗中，加少许料酒、盐和姜粉拌匀腌制；大米洗净备用。

2.大米用清水煮开，然后用中火煮20分钟，放入肉片、盐、姜丝，边煮边搅拌均匀，再次开锅后，改小火煮15分钟。

3.最后放松花蛋丁，再用小火煮10分钟，撒胡椒粉、葱花就可以了。

不可错过的一口鲜：

海参芹菜粥

准备时间：5分钟
烹饪时间：60分钟

用料

即食海参1根
芹菜1根
熟米饭1碗

调料

盐1/4茶匙（1克）
姜1小块
香油2毫升

小贴士

海参是一种高蛋白、低脂肪、低糖、无胆固醇的营养保健食品，肉质细嫩，易于消化，非常适合老年人和儿童及体质虚弱者食用。

海参的营养成分列表（每100克中含）					
成分名称	含量	成分名称	含量	成分名称	含量
能量（千焦）	105	蛋白质（克）	6	脂肪（克）	0.1
视黄醇（毫克）	11	维生素A（毫克）	11	胆固醇（毫克）	50
钙（毫克）	240	磷（毫克）	10	钾（毫克）	41
钠（毫克）	80.9	镁（毫克）	31	铁（毫克）	0.6

1　　　　　　　2　　　　　　　3

做法

1.锅中倒入清水，大火煮开后，倒入米饭搅拌几下，待米饭搅散后，改成中小火，煮30分钟。

2.将芹菜洗净，切成碎末；海参洗净，切成薄片；姜去皮，切成细丝。

3.待米开花，粥变得黏稠后，放入姜丝、海参片和芹菜，调入盐，搅拌均匀后，改成大火继续煮3分钟，淋入少许香油即可（在煮的时候，要不停地用勺子搅拌，以免煳底）。

茉莉花香冰粥

准备时间：5分钟
（不含浸泡香米时间）
烹饪时间：40分钟

用料

枸杞子5粒

泰国香米80克

莲子10颗

调料

冰糖5克

茉莉花5朵

小贴士

茉莉花的味道非常清香，可以选择新鲜的茉莉花，也可以选择中药店出售的干茉莉花。

莲子干的营养成分列表（每100克中含）					
成分名称	含量	成分名称	含量	成分名称	含量
能量（千焦）	1439	蛋白质（克）	17.2	脂肪（克）	2
碳水化合物（克）	67.2	维生素C（毫克）	5	维生素E（T）（毫克）	2.71
尼克酸（毫克）	4.2	磷（毫克）	550	钾（毫克）	846
钙（毫克）	97	镁（毫克）	242	铁（毫克）	3.6
钠（毫克）	5.1	硒（毫克）	3.36	铜（毫克）	1.33
锌（毫克）	2.78				

1 2 3 4

做法

1.将泰国香米洗净，用清水浸泡30分钟；将茉莉花洗净。

2.锅中倒入清水大火煮开，放入所有的茉莉花焯烫2分钟。

3.将焯烫过的茉莉花放入锅中，倒入清水，大火煮开后继续煮5分钟，水略变色，然后倒入浸泡后的泰国香米搅匀。

4.再放入洗净的莲子和枸杞子，改成中小火，煮约30分钟，在粥煮好后加入冰糖搅匀即可。

我一个人可以全部喝掉！

香菇鸡蓉蔬菜粥

准备时间：5分钟
（不含浸泡香菇时间）
烹饪时间：40分钟

胡萝卜的营养成分列表（每100克中含）					
成分名称	含量	成分名称	含量	成分名称	含量
能量（千焦）	544	蛋白质（克）	0.1	胡萝卜素（毫克）	2700
碳水化合物（克）	32.5	膳食纤维（克）	0.5	核黄素（毫克）	0.62
钙（毫克）	7	维生素A（毫克）	450	钾（毫克）	31
钠（毫克）	72.5	维生素C（毫克）	12		

用料

鸡脯肉1块

大米50克

干香菇4朵

胡萝卜30克

调料

姜1小块

盐1/4茶匙（1克）

做法

1.将大米洗净后，用清水浸泡；将鸡脯肉先切片，再切成碎末，放入盐调味。

2.干香菇要提前2小时用温水浸泡；将浸泡好的香菇取出后，用清水冲洗干净，挤压出水分后，切成小碎丁。

3.胡萝卜去皮切成碎末；姜去皮切成细丝。

4.锅中倒入清水，大火煮开后，倒入大米搅拌几下后，改成中小火，煮30分钟。

5.待米开花、粥变得黏稠后，放入鸡肉末、香菇碎、胡萝卜碎、姜丝，搅拌均匀后，改成大火继续煮10分钟，在煮的时候，要不停地用勺子搅拌，以免煳底。

好高兴，没有刺的鱼！

生滚鱼片粥

准备时间：15分钟
烹饪时间：50分钟

用料

大米100克

新鲜草鱼100克

干香菇3朵

香芹50克

调料

姜丝3克

盐1茶匙（5克）

香油1茶匙（5毫升）

小贴士

煮粥时需在水开后再倒入淘好的大米，而不是将水和米同时放入锅中煮，这样米粒里外温度不同，米粒表面会出现许多细微的裂纹，容易开花渗出淀粉质，淀粉质不断溶于水中，粥就会比较黏稠。

草鱼的营养成分列表（每100克中含）					
成分名称	含量	成分名称	含量	成分名称	含量
能量（千焦）	473	蛋白质（克）	16.6	脂肪（克）	5.2
灰份（克）	1.1	维生素A（毫克）	11	胆固醇（毫克）	86
视黄醇（毫克）	11	磷（毫克）	203	钾（毫克）	312
钙（毫克）	38	镁（毫克）	31	碘（毫克）	6.4
锌（毫克）	46	硒（毫克）	6.66		

1　2　3　4

做法

1.干香菇用温水泡软后洗净，去蒂切细丝；香芹去叶，洗净切碎；草鱼肉片成薄片；姜去皮洗净后切丝。

2.大米淘洗干净；锅中加入1500毫升清水，用大火烧开后，倒入大米，沸腾后改用小火熬制45分钟。

3.之后转大火，放入鱼片、香菇丝和姜丝滚煮4分钟关火。

4.加入香芹碎、盐和香油调味即可。

第三章

我爱 ♥ 面点

快乐就像一盘意面：

萨拉米香肠意面

准备时间：20分钟
烹饪时间：25分钟

干酪的营养成分列表（每100克中含）					
成分名称	含量	成分名称	含量	成分名称	含量
能量（千焦）	1372	蛋白质（克）	25.7	脂肪（克）	23.5
碳水化合物（克）	3.5	维生素A（毫克）	152	胆固醇（毫克）	11
钙（毫克）	799	磷（毫克）	326	钾（毫克）	75
钠（毫克）	584.6	镁（微克）	57	铁（毫克）	2.4
锌（毫克）	6.97	硒（微克）	1.5		

用料

萨拉米香肠30克

意大利面80克

洋葱15克

调料

罗勒叶、盐、黑胡椒粉各2克

番茄酱50克

帕尔玛干酪碎10克

橄榄油适量

做法

1.将萨拉米香肠切成0.5厘米的厚片；洋葱洗净，去皮，去根，将洋葱和罗勒叶切碎粒备用。

2.用中火烧热锅中的橄榄油，待油温烧至七成热时，放入洋葱碎、罗勒碎翻炒，炒出香味。

3.向锅中加入切好的萨拉米香肠片，翻炒均匀，倒入番茄酱转小火略煮5分钟，再加入盐、黑胡椒粉调味，盛出备用。

4.另取汤锅倒入清水，以大火将其烧沸后，放入意大利面，以中火煮制12分钟左右，在煮意大利面的过程中，滴入几滴橄榄油，煮至面条变软后，捞出，沥干水分。

5.将意大利面盛入盘中，再将做好的肉肠酱汁淋在意大利面上，搅拌均匀，随后撒上帕尔玛干酪碎即可。

我和"意大利"有个约会：

意式肉酱面

准备时间：20分钟
烹饪时间：15分钟

西芹的营养成分列表（每100克中含）					
成分名称	含量	成分名称	含量	成分名称	含量
能量（千焦）	137.2	蛋白质（克）	25.7	脂肪（克）	23.5
碳水化合物（克）	3.5	维生素A（毫克）	152	胆固醇（毫克）	11
钙（毫克）	799	磷（毫克）	326	钾（毫克）	75
钠（毫克）	584.6	镁（微克）	57	铁（毫克）	2.4
锌（毫克）	6.97	硒（微克）	1.5		

用料

意大利面80克

西芹30克

番茄100克

牛肉馅50克

调料

大蒜2瓣

洋葱1/2个

番茄酱30克

盐3克

橄榄油适量

黑胡椒碎3克

做法

1.将所有蔬菜冲洗干净，沥干水分；番茄切成小粒，放在盆中；洋葱去皮，切碎粒；大蒜切碎粒；西芹切细碎备用。

2.中火烧热锅中的橄榄油，放入洋葱粒、大蒜粒翻炒均匀，炒出香味后，加入牛肉馅拌炒均匀备用。

3.转大火倒入番茄酱、西芹碎，放入番茄粒，炒出汤汁后，调入适量清水，煮沸。

4.转小火，盖上盖子，焖煮至原料熟透，锅中的汤汁变稠，调入盐，离火备用。

5.汤锅中加入适量清水，大火煮沸，放入橄榄油、意大利面，中火煮10分钟至面条无硬心，捞出意大利面倒入漏网中，沥干水分，盛入面条盘中，拌上做好的肉酱即可。

最亲切的一碗面条：

什锦火锅面

准备时间：20分钟
烹饪时间：15分钟

用料

酱牛肉50克

金针菇45克

青椒50克

洋葱40克

火锅面100克

调料

大蒜适量

香油适量

盐3克

胡椒粉4克

熟芝麻8克

牛肉汤底500毫升

金针菇的营养成分列表（每100克中含）					
成分名称	含量	成分名称	含量	成分名称	含量
能量（千焦）	109	蛋白质（克）	2.4	胡萝卜素（毫克）	30
碳水化合物（克）	6	膳食纤维（克）	2.7	维生素E（毫克）	1.14
尼克酸（毫克）	4.1	维生素A（毫克）	5	钾（毫克）	195
钠（毫克）	4.3	维生素C（毫克）	2	铁（毫克）	1.4
镁（毫克）	17	磷（毫克）	97		

1　　　　　2　　　　　3

做法

1.所有食材洗净，牛肉切薄片；金针菇去根；大蒜切末；青椒去蒂、籽，切成细丝；洋葱去掉外皮、根，洗净，切丝。

2.用中火将牛肉汤底煮沸，放入火锅面并用筷子挑开，防止粘连，再次煮沸后放入牛肉片、金针菇、青椒丝和洋葱丝。

3.当面条用筷子挑起可以迅速滑落时，放入盐、胡椒粉和香油、蒜末调味，搅匀，关火，盛出，撒入适量熟芝麻即可。

快快趁热吃最香：

炖牛肉乌冬面

准备时间：20分钟
（不含炖牛肉时间）
烹饪时间：15分钟

用料

乌冬面100克

牛肉50克

胡萝卜15克

小油菜10克

鸡蛋1个

调料

酱油3毫升

盐3克

葱段2段

姜片3片

胡萝卜的营养成分列表（每100克中含）					
成分名称	含量	成分名称	含量	成分名称	含量
能量（千焦）	180	蛋白质（克）	1.4	胡萝卜素（毫克）	4010
碳水化合物（克）	10.2	膳食纤维（克）	1.3	脂肪（克）	0.2
钙（毫克）	32	维生素A（毫克）	668	钾（毫克）	193
钠（毫克）	25.1	维生素C（毫克）	16	磷（毫克）	16

做法

1.将蔬菜洗干净，胡萝卜切丝；胡萝卜丝、小油菜放入沸水中焯一下，捞出过凉水备用。

2.将牛肉放入锅中，加盐、酱油、葱段、姜片炖熟，捞出，放置砧板上，晾凉，切片备用。

3.将牛肉汤过滤后放入容器内备用。

4.将过滤好的牛肉汤烧沸，把乌冬面放入沸水锅中，快煮熟时，加盐调味。

5.煮乌冬面的同时，煮1个鸡蛋，鸡蛋煮熟后，剥好，对切成两部分。

6.乌冬面煮熟后，盛碗装好，搁上之前焯熟的蔬菜，摆上牛肉片，放入半个鸡蛋，最后淋上牛肉汤即可。

听起来就那么不平凡：

豚骨拉面

准备时间：20分钟
（不含炖牛肉时间）
烹饪时间：10分钟

84

用料

拉面100克

牛肉50克

海带20克

玉米罐头25克

调料

豚骨高汤500毫升

酱油3毫升

盐2克

葱、紫菜各10克

海带的营养成分列表（每100克中含）					
成分名称	含量	成分名称	含量	成分名称	含量
能量（千焦）	59	蛋白质（克）	1.1	胡萝卜素（毫克）	310
碳水化合物（克）	3	维生素A（毫克）	52	钾（毫克）	22
钙（毫克）	241	磷（毫克）	29	铁（毫克）	3.3
钠（毫克）	107.6	镁（毫克）	61	硒（毫克）	4.9

做法

1.将泡发好的海带洗干净，切丝；葱切成葱花备用。

2.将牛肉浸凉水洗净，放进凉水锅里以大火煮沸后，撇去表面漂浮血沫，然后放入酱油、盐，转小火炖煮。

3.待牛肉完全炖熟时，捞出，放置案板上，等其晾凉，切成小薄片。

4.烧沸一锅水，将海带丝放入热水中，快煮熟时，适当加盐，煮熟，捞出沥水。

5.将豚骨高汤烧沸，放入切成薄片的牛肉片，5分钟后，放入拉面同煮。

6.面条煮熟后，盛碗装好，加入之前焯熟的海带丝、玉米罐头，摆上牛肉片，最后淋上豚骨高汤，撒上葱花、紫菜丝即可。

我是它忠实的"脑残粉"：

蔬菜味噌拉面

准备时间：20分钟
烹饪时间：10分钟

用料

拉面100克

豆芽25克

海带20克

胡萝卜20克

熟鸡蛋1个

调料

味噌8克

木鱼花4克

盐2克

大葱10克

高汤适量

豆芽的营养成分列表（每100克中含）					
成分名称	含量	成分名称	含量	成分名称	含量
能量（千焦）	184	蛋白质（克）	4.5	脂肪（克）	1.6
碳水化合物（克）	4.5	膳食纤维（克）	1.5	胡萝卜素（毫克）	30
钙（毫克）	21	维生素A（毫克）	5	钾（毫克）	160
钠（毫克）	7.2	维生素C（毫克）	8	磷（毫克）	74

1　2　3　4

做法

1.蔬菜择洗干净；海带、胡萝卜切丝；取大葱的葱白部分，洗干净切丝；葱绿部分切成葱花备用。

2.烧沸一锅热水，将海带丝放入热水中，快煮熟时，适当加入盐，等海带煮熟后，沥干水分；热鸡蛋去壳，对半切开备用。

3.将高汤烧沸，放入海带丝、胡萝卜丝、豆芽，待蔬菜煮熟，起锅沥干备用。

4.继续在高汤中放入拉面，煮熟后，将面条盛碗装好，加入之前焯熟的蔬菜，最后淋上高汤，撒上葱花和木鱼花、半个熟鸡蛋，吃的时候加入少许味噌，搅拌均匀即可。

"啼哩突噜"，我已经吃完啦！

朝鲜荞麦冷面

准备时间：20分钟
（不含炖牛肉时间）
烹饪时间：15分钟

荞麦面的营养成分列表（每100克中含）					
成分名称	含量	成分名称	含量	成分名称	含量
能量（千焦）	1356	蛋白质（克）	9.3	脂肪（克）	2.3
碳水化合物（克）	73	膳食纤维（克）	6.5	胡萝卜素（毫克）	20
钙（毫克）	47	维生素A（毫克）	3	维生素E（毫克）	4.4
钠（毫克）	4.7	（β-γ）-E	3.99	钾（毫克）	401
锌（毫克）	3.62	磷（毫克）	297	铁（毫克）	6.2
硒（毫克）	2.45	镁（毫克）	258		

用料

· · · ·

荞麦面100克

酱牛肉20克

黄瓜30克

苹果10克

韩式泡菜20克

调料

· · · ·

熟鸡蛋1个

高汤适量

香油、醋、熟白芝麻、盐、白糖、韩式辣酱各适量

做法

· · · ·

1.将蔬菜洗净，黄瓜切丝备用。

2.将酱好的牛肉切成小薄片。

3.将荞麦面放入沸水锅中，煮熟，再放入凉水中过凉，也可以用电风扇将面条吹凉，然后装碗。

4.熟鸡蛋去壳，对半切开，苹果切片。

5.在荞麦面碗中放上泡菜、各色蔬菜、熟牛肉、韩式辣酱，苹果片，最后浇上高汤、醋，加
白糖、盐，撒上熟白芝麻、淋香油，放上半个熟鸡蛋即可。

炸酱面

准备时间：15分钟
烹饪时间：15分钟

用料

手擀面100克

五花肉丁100克

黄瓜1/2根

豆芽50克

胡萝卜50克

调料

干黄酱1袋

甜面酱1/2袋

植物油30毫升

大葱葱白30克

姜末少许

小贴士

煮面的时候为了避免面条黏连，锅中的水应该多一些，同时放入少许盐也可以防止黏连。

做法

1锅中放少许植物油烧热，中火煸炒五花肉丁，待其中的油脂析出，将肉丁盛出；葱白切末备用。

2锅内留刚才的油，继续加热，将黄酱和甜面酱在碗中混合，用适量水稀释一下，放入锅中用中火炒一下，待炒出香味，然后倒入肉丁、姜末，转小火，慢熬10分钟，期间要不断地轻轻搅拌，最后加入葱白末，炸酱就做成了。

3黄瓜、胡萝卜洗净，切成细丝，豆芽洗净后放入沸水中，焯至断生后过凉水。

4将手擀面煮熟，捞出过凉水盛入碗中。

5在面条上码上各种配菜，淋上炸酱，老北京炸酱面就此大功告成了。

阳春面

准备时间：10分钟
烹饪时间：10分钟

用料

挂面80克

鸡蛋1个

油菜心1颗

调料

高汤100毫升

植物油2茶匙（10毫升）

葱花50克

盐少许

小贴士

煮面时需要注意，要将面完全搅散，水开后迅速改中火。

做法

1.先将鸡蛋打散，锅中放入适量植物油烧热，将鸡蛋煎成蛋饼，盛出切丝备用。

2.油菜心去根，洗净，在沸水中余烫一下，捞出。

3.碗中放入少许植物油和盐备用，然后煮一锅开水和一锅高汤备用。

4.将面放入清水锅中煮熟，然后过凉水，再把面条放到沸高汤中，面浮起之后捞出放入碗中。

5.碗中再淋上少许高汤，撒上葱花和鸡蛋丝即可。

番茄和鸡蛋，总是成双成对：

番茄煎蛋面

准备时间：10分钟
烹饪时间：10分钟

用料

挂面100克

番茄1个

鸡蛋2个

小白菜50克

调料

葱、姜各10克

植物油30毫升

白胡椒粉、盐各少许

小贴士

1.因为用了煎蛋的底油，因此没有必要在汤里面再放鸡精了。

2.不煎蛋，直接煮面也可。

做法

1.将番茄洗净，去蒂，切片；葱姜切末。

2.锅中加少许植物油，把一个鸡蛋煎成荷包蛋备用。

3.用底油加葱末、姜末炒香，加番茄片翻炒，炒出汤汁的时候，加水烧开。

4.锅中放入挂面，加白胡椒粉和盐，继续煮2~3分钟至熟。

5.关火前，放些小白菜心，将鸡蛋打散，打入蛋花，点入少许香油，即可起锅。

6.面中最后放上煎好的荷包蛋即可。

鸡汤龙须面

准备时间：10分钟
烹饪时间：35分钟

用料

龙须面100克

鸡腿1个

干香菇3朵

调料

料酒1汤匙（15毫升）

老姜2片

香菜适量

盐适量

小贴士

1.蒸制的鸡汤汤汁比较清，也可以直接煮，但煮制的汤汁较浊。

2.等到鸡腿熟软后再加盐调味，这样肉质比较嫩，同时也可以避免香菇过咸。

鸡腿的营养成分列表（每100克中含）					
成分名称	含量	成分名称	含量	成分名称	含量
能量（千焦）	757	蛋白质（克）	16	脂肪（克）	13
钙（毫克）	6	维生素A（毫克）	44	胆固醇（毫克）	162
钠（毫克）	64.4	磷（毫克）	172	钾（毫克）	242
锌（毫克）	1.12	镁（毫克）	34	铁（毫克）	1.5

1   2   3   4

做法

1.鸡腿洗净，剁成小块，在沸水中焯去血水，捞出备用；香菜洗净，去根，切末。

2.香菇泡软，去梗洗净，和鸡块混合，放入碗中。

3.碗中放入姜、料酒、1000毫升左右的清水，上锅蒸30分钟，然后加盐调味。

4.另起一锅，烧水煮面，面熟后捞出，倒入鸡汤和鸡块、香菇，撒上香菜末即可。

面，就是爱面！

鲜虾云吞面

准备时间：10分钟
烹饪时间：25分钟

大虾的营养成分列表（每100克中含）					
成分名称	含量	成分名称	含量	成分名称	含量
能量（千焦）	356	蛋白质（克）	13.4	脂肪（克）	1.8
钙（毫克）	75	磷（毫克）	189	胆固醇（毫克）	273
钠（毫克）	119	镁（毫克）	31	维生素E（T）（毫克）	1.55
锌（毫克）	3.59	硒（微克）	25.48	铁（毫克）	238

用料

挂面80克

鲜虾仁60克

猪肉馅30克

云吞皮6张

鸡蛋1个

调料

植物油1汤匙（15毫升）

盐、胡椒粉各适量

香油少许

高汤100毫升

小贴士

1.搅拌猪肉馅的时候，可以加入少量清水，搅拌至所有水分都被肉馅吸收进去，如此1～2次，馅料口感更好。

2.喜欢的话还可以加上一些焯熟的青菜。

做法

1.先将鸡蛋打散，锅中放油烧热，将鸡蛋煎成蛋饼，盛出切丝备用。

2.将虾仁剁成小块，与猪肉馅、盐、香油一起搅拌均匀成馅料。

3.用云吞皮包入馅料，制成6只云吞。

4.锅中烧开水，将云吞放入，快熟时加入挂面至全部煮熟，捞出备用。

5.锅中放少许植物油加热，放入鲜虾仁、高汤、少许盐、胡椒粉，大火煮沸，之后浇入云吞面里，放入鸡蛋丝即可。

我要做能量小超人：

羊肉烩面

准备时间：10分钟
烹饪时间：40分钟

羊肉的营养成分列表（每100克中含）					
成分名称	含量	成分名称	含量	成分名称	含量
能量（千焦）	556	蛋白质（克）	19.4	脂肪（克）	6.2
钙（毫克）	7	维生素A（毫克）	11	胆固醇（毫克）	89
钠（毫克）	86.6	磷（毫克）	150	钾（毫克）	170
锌（毫克）	2.2	镁（毫克）	17	铁（毫克）	3

用料

细面条100克

羊肉50克

豆腐皮20克

粉丝20克

木耳20克

调料

生姜10克

大葱10克

香料包1个

香油1茶匙（5毫升）

盐少许

料酒1茶匙（5毫升）

香菜10克

小贴士

羊肉烩面出锅后要赶紧吃，否则面条将会因为浸泡时间过长而导致口感大打折扣。

做法

1.将羊肉洗净，切成小丁，用热水焯一下，除去血沫，捞出备用。

2.煮一锅开水，放入生姜、香料包和羊肉，煮30分钟制成羊肉汤备用。

3.豆腐皮洗净，切丝；粉丝泡发后切长段；木耳用水泡发后撕成小朵；香菜洗净，切段备用。

4.将面条下锅煮至八分熟，捞出。

5.羊肉汤烧开后，下入面条，轻轻拨散，待锅中汤汁再开后，下入豆皮丝、粉丝、木耳，煮至面条、配料均熟后，放入少许料酒、盐，淋少许香油，撒上香菜即可。

菠菜手擀面

准备时间：10分钟
烹饪时间：40分钟

菠菜的营养成分列表（每100克中含）					
成分名称	含量	成分名称	含量	成分名称	含量
能量（千焦）	100	蛋白质（克）	2.6	胡萝卜素（毫克）	2920
碳水化合物（克）	4.5	膳食纤维（克）	1.7	维生素E（T）（毫克）	1.74
钙（毫克）	66	维生素A（毫克）	487	钾（毫克）	311
锌（毫克）	85.2	维生素C（毫克）	32	铁（毫克）	2.9

用料

面粉200克

菠菜200克

鸡蛋1个

调料

生抽1茶匙（5毫升）

香醋1/2茶匙（3毫升）

蒜末1茶匙（5克）

植物油适量

盐少许

小贴士

1.加菠菜汁揉面，就可以不再加水了。其实，如果把菠菜汁换成番茄汁、胡萝卜汁等都是可以的，而且做法基本相同，有兴趣的话可以试试。

2.擀面的时候，要在面片的两面撒上面粉，这样可以防止粘连，切成面条后，再撒些面粉，以便将面条逐一拨开。

做法

1.将鸡蛋打散，锅中放油将鸡蛋摊成蛋饼，切成鸡蛋丝备用；菠菜洗净，放入沸水中略焯一下捞出沥干水分。

2.将菠菜放入果汁机中打成泥，用纱布沥出多余的水分，将菠菜泥和面粉掺在一起，揉至面团完全变成绿色，饧30分钟。

3.取一块面团，用手揉均匀，然后光面向下放在案板，用擀杖向四周用力擀开成片状。

4.用面片将擀杖卷入，并用手反复向外推卷。如此几次后，将其展开，撒上适量的面粉，从另一个方向继续擀，然后再展开，撒面粉。如此反复直至将面团擀成非常薄的薄片为止。

5.将面片切成面条。

6.下入沸水锅中煮5分钟左右即可将面煮熟，盛出后撒上适量盐、蒜末，以滚热油浇泼其上，再调入生抽、香醋，最后撒上些切好的鸡蛋丝即可。

番茄，鸡蛋，你们又凑在一起了！

番茄鸡蛋面

准备时间：5分钟
烹饪时间：15分钟

用料

面条100克

番茄2个

鸡蛋1个

调料

葱、香菜各少许

盐1茶匙（5克）

糖1茶匙（5克）

植物油适量

小贴士

也可炒好鸡蛋，不盛出鸡蛋直接加入番茄翻炒，这样的鸡蛋容易老，但是优点是蛋里面充满番茄的味道，而且油少。

做法

1.番茄洗净后去蒂，切成小滚刀块；香菜洗净切成小段；葱洗净，切成葱花；鸡蛋放入碗中打散备用。

2.起一油锅，油热后将蛋液倒入，并用铲子将蛋液摊成鸡蛋碎，盛出。

3.锅中放少许植物油，油热后放入葱花，然后将番茄块倒入翻炒，待番茄块变软后放入糖翻炒，最后放入鸡蛋碎、盐调味，出锅成为番茄鸡蛋卤。

4.取一煮锅，放入清水，水开后将面条放入煮熟。

5.将煮好的面条盛出，浇上番茄鸡蛋卤，点缀一些香菜即可。

小馄饨的大梦想

准备时间：20分钟
烹饪时间：10分钟

用料

牛肉馅100克

鸡蛋1个

青菜50克

馄饨皮100克

调料

葱末50克

芹菜末20克

高汤200毫升

盐1茶匙（5克）

香油1茶匙（5毫升）

料酒1茶匙（5毫升）

牛肉的营养成分列表（每100克中含）					
成分名称	含量	成分名称	含量	成分名称	含量
能量（千焦）	523	蛋白质（克）	19.9	脂肪（克）	4.2
碳水化合物（克）	2	维生素A（毫克）	7	胆固醇（毫克）	84
钙（毫克）	23	磷（毫克）	168	钾（毫克）	216
钠（毫克）	84.2	镁（毫克）	20	铁（毫克）	3.3
锌（毫克）	4.73	硒（毫克）	6.45		

1

2

3

4

做法

1.牛肉馅加入料酒、葱末、鸡蛋、盐调匀，做成馄饨馅。

2.每张馄饨皮包入馅料做成馄饨备用。

3.高汤煮沸后，加入盐调味，盛入汤碗中。

4.将馄饨煮熟，出锅前煮一下青菜，一起捞至汤碗中，再加入芹菜末，淋一点香油，就可以开吃啦。如果孩子喜欢，还可以加适量紫菜或者生抽。

饺子皮小食

准备时间：20分钟
烹饪时间：30分钟

洋葱的营养成分列表（每100克中含）					
成分名称	含量	成分名称	含量	成分名称	含量
能量（千焦）	163	蛋白质（克）	1.1	胡萝卜素（克）	20
碳水化合物（克）	9	维生素A（毫克）	3	钾（毫克）	147
钙（毫克）	24	维生素C（毫克）	8	磷（毫克）	39
钠（毫克）	4.4	镁（毫克）	15	碘（毫克）	1.2

用料

饺子皮适量

金枪鱼罐头1盒

胡萝卜30克

洋葱30克

奶酪适量

调料

番茄酱适量

白胡椒粉少许

植物油2汤匙（30毫升）

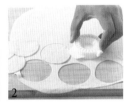

做法

1.把金枪鱼从罐头中取出，捣碎；胡萝卜去皮，洗净，切粒；将胡萝卜小丁放入沸水中焯熟；洋葱切碎；将金枪鱼碎、胡萝卜粒、洋葱碎混合，加胡椒粉拌匀。

2.用小号包饺器，压出大小合适的圆面皮，可以直接在饺子皮上压，皮一定要薄一点。

3.把面皮放在包饺器上，轻轻按压中间的面皮，让面皮凹下去，和包饺器贴合在一起，然后像做披萨一样，抹上一层番茄酱，放上金枪鱼蔬菜馅，最后放上奶酪，馅料填满中间凹下去的部分就好，太多了会破皮露馅，最后把饺子包上。

4.把所有饺子包好，里面的馅料都是可以直接吃的，只需把外皮和里面的奶酪加热至熟和融化即可。

5.平底锅放入植物油烧热，放入饺子直接煎熟即可。

饺子的72变:

招牌煎饺

准备时间: 20分钟
烹饪时间: 30分钟

荸荠的营养成分列表（每100克中含）					
成分名称	含量	成分名称	含量	成分名称	含量
能量（千焦）	247	蛋白质（克）	1.2	胡萝卜素（克）	20
碳水化合物（克）	14.2	膳食纤维（克）	1.1	磷（毫克）	44
钙（毫克）	4	维生素A（毫克）	3	镁（毫克）	12
钠（毫克）	15.7	维生素C（毫克）	7	钾（毫克）	306

用料

饺子粉100克

猪肉馅60克

韭菜60克

荸荠20克

调料

植物油2汤匙（30毫升）

盐3克

胡椒粉3克

料酒1汤匙（15毫升）

香油1茶匙（5毫升）

生抽2茶匙（10毫升）

小贴士

先蒸后煎的步骤要把握好时间，时间不宜过长，否则会使内陷过软过烂。

做法

1.饺子粉放入容器中，掺入热水制成烫面团，放在一边饧发15分钟。

2.荸荠洗净，去皮，切成细末；韭菜洗净，充分沥干水分备用。

3.将猪肉馅放入大容器中，加入料酒、生抽、胡椒粉、香油、盐，顺时针搅打至上劲。

4.把沥水后的韭菜切成细末，和荸荠末一起放入肉馅中，搅拌均匀制成馅。

5.将饧发好的面团搓条，切剂子，擀皮，包入馅，制成饺子状，将包好的饺子上笼蒸熟。

6.饺子蒸好后取出，放置一会儿，取一平底锅，放入植物油烧热，将蒸好的饺子煎至金黄装盘即可。

海鲜葱香饼

准备时间：20分钟
烹饪时间：10分钟

用料

自发粉10克

鱿鱼150克

虾仁50克

红椒45克

鸡蛋1个

调料

香油3毫升

白糖3克

盐4克

小葱10克

植物油适量

1　2　3　4

做法

1.小葱切葱段，葱白压平；鱿鱼、虾仁洗净，切丁；红椒切段。

2.将自发粉倒入碗中，打入鸡蛋，再加水一起打好，倒入碗中搅拌；将虾仁、鱿鱼倒入面粉中，并在碗里加白糖、盐、香油搅拌均匀备用。

3.锅中倒入植物油，烧热后倒入调好的面粉，边转动锅边摊成薄饼，并在表面铺满长条的小葱和红椒。

4.饼翻动另一面，继续边转动边煎，煎成金黄色出锅即可。

撕开来，卷着吃：

香酥手撕饼

准备时间：45分钟
（含面团饧发时间）
烹饪时间：10分钟

用料

面粉220克

调料

黄油20克

盐2克

30℃左右凉开水60毫升

植物油少许

做法

1.把220克面粉倒入容器中，分次倒入温水，一边加水，一边用筷子搅拌，待面粉呈雪花状后，用手揉成光滑的面团，盖上保鲜膜，饧约20分钟。

2.黄油隔热水融化后稍微冷却一下，然后倒入在40克面粉里，再倒入盐，用勺子搅拌均匀，制成油酥备用。

3.把饧好的面擀成约3毫米厚的面片，用勺子在擀开的面片上抹上均匀的一层酥油，从一端卷到另一端。

4.把面卷好，按平后用刀切开，一切为二，然后把两条面合并在一起，卷成卷儿，盖湿布松弛20分钟后再用手按平，然后用擀面杖擀成薄薄的一张饼。

5.将平底锅烧热后倒入一点植物油，放入薄饼，盖上盖子，用中小火烙制。

6.一面烙约1分钟时，在表面刷薄薄的一层油，翻面儿再烙，反复2次，待两面都呈金黄色时，饼就好了。冷吃热吃都可以。

妈妈做的又健康又卫生：

鸡蛋灌饼

准备时间：5分钟
烹饪时间：30分钟

用料

普通面粉300克

鸡蛋2个

生菜3片

调料

盐1/2茶匙（3克）

甜面酱1/2茶匙（3克）

小贴士

根据自己的口味可以加入生菜、番茄、黄瓜、火腿、酱肉等各种蔬菜或肉类。同时，也可以配合不同的酱料，甜面酱、蒜蓉辣酱、甜辣酱都是挺好的选择。

做法

1.把盐放入温水中，搅拌至溶化备用。

2.面粉倒入容器中，分几次倒入温水，边加水，边用筷子搅拌，待面粉呈雪花状后，用手揉成光滑的面团，盖上保鲜膜，放在室内饧20分钟。

3.把鸡蛋打成蛋液，生菜洗净后沥干水分。

4.面团饧好后，用手揪成鸡蛋大小的剂子，然后擀成约3毫米厚的长条状。

5.用刷子在擀开的面片上均匀地刷一层油，从一端卷到另一端（卷的稍微紧一些），在封口处将面片捏紧。

6.卷好后，将面团立起，用手掌从上往下按平，然后用擀面杖擀成厚3毫米的饼。

7.平底锅烧热后倒入油，放入薄饼，中小火烙制，当饼的中间鼓起来时，迅速用筷子将鼓起的部分扎破，形成一个小口，这时将鸡蛋液灌入，然后翻一面继续烙制。

8.待两面煎成金黄色时，抹上甜面酱，再放上一片生菜卷好即可。

猪肉茴香馅饼

准备时间：5分钟
烹饪时间：40分钟

茴香的营养成分列表（每100克中含）					
成分名称	含量	成分名称	含量	成分名称	含量
能量（千焦）	100	蛋白质（克）	2.5	胡萝卜素（克）	2410
碳水化合物（克）	4.2	膳食纤维（克）	1.6	钾（毫克）	149
钙（毫克）	154	维生素A（毫克）	402	铁（毫克）	1.2
钠（毫克）	186.3	维生素C（毫克）	26	磷（毫克）	23

用料

面粉100克
茴香50克
猪肉馅100克

调料

葱1段
姜2片
盐1茶匙（5克）
植物油1汤匙（60毫升）
蚝油1汤匙（30毫升）
料酒1汤（15毫升）
生抽2汤匙（30毫升）

小贴士

做馅饼的面水量比较多，倒入水后直接上手会不好操作，可以先用筷子搅拌至雪花片状，再上手揉。和面要用约40℃的温水，面要和的柔软一点，再饧上半小时，这样出来的馅饼口感才柔软。

做法

1.在盛面粉的容器中，分几次倒入水，边加水边用筷子搅拌，待面粉呈雪花状后，用手揉成光滑的面团，盖上保鲜膜，放在室内饧20分钟。

2.将茴香洗净沥干切碎；葱姜切末。

3.猪肉馅中放入切好的葱姜末，再加入盐、蚝油、水、料酒、植物油和生抽使劲搅拌均匀至肉馅上劲，再加入茴香搅匀。

4.将饧好的面团分成等份的小剂子，压扁，像擀饺子皮一样擀扁，在中间放一勺馅，用手拎起边缘的皮，一点儿一点儿地折在一起，最后在中间捏个小揪揪，就包好了，然后按扁。

5.平底锅烧热后倒入植物油，烧至五成热时，放入馅饼，有小揪揪的一面朝下，用中小火把馅饼煎成两面金黄即可。

怎一个鲜字了得?

西葫芦饼

准备时间：15分钟
烹饪时间：10分钟

用料

面粉·················125g

西葫芦···············1个

鸡蛋·················1个

调料

盐··················10g

植物油··············30ml

小贴士

较嫩的西葫芦出水较多，老西葫芦出水较少，根据具体出水的情况，可以斟酌添加清水，调成稀稠适度的面糊。

做法

1.西葫芦去皮，对半切开，挖去瓜瓤，擦成细丝备用。

2.装在大碗中，加入少许盐拌匀，静置10分钟，使其中的水分充分渗出来。

3.大碗里加入面粉，磕入鸡蛋，不必加水，利用西葫芦渗出的汤汁和鸡蛋液将面粉打成面糊，充分搅匀备用。

4.平底煎锅用中火烧热，放入少量植物油，烧至温热，倒入适量面糊，调小火慢慢煎，一面凝固后用锅铲整个翻面，两面共煎约3分钟，面饼成金黄色时盛出。

"奶里奶气"的

奶皇包

准备时间：15分钟
烹饪时间：20分钟

奶油的营养成分列表（每100克中含）					
成分名称	含量	成分名称	含量	成分名称	含量
能量（千焦）	3678	维生素A（毫克）	297	脂肪（克）	97
视黄醇（毫克）	297	磷（毫克）	11	钾（毫克）	209
钙（毫克）	14	镁（毫克）	2	钾（毫克）	226
钠（毫克）	268	铁（毫克）	1		

用料

低筋面粉300克

奶油80克

熟咸蛋黄4个

调料

细砂糖100克

泡打粉1汤匙（15克）

奶粉2汤匙（30克）

水适量

小贴士

和面最好能达到手光、盆光、面光的程度，这就需要水放的合适，下手揉面的时机不能太早。

做法

1.低筋面粉加上30克细砂糖、泡打粉混合均匀，然后加水用筷子搅拌，然后用手将其揉成面团，盖上湿布备用。

2.把熟咸蛋黄切成小丁，放在小碗里，放入奶油、奶粉、细砂糖，然后把它们搅拌均匀制成奶皇包的馅料。

3.把馅料上锅蒸15分钟，取出晾凉，再放入冰箱使其冻成块，然后将馅料平均分成小份。

4.把面团揉成长条状，做成小剂，擀成圆形，要中间稍厚，四周稍薄。

5.面皮中包入馅料，做成小馒头状，放入笼屉，大火蒸15分钟即可。

甜甜的，金黄的：

窝窝头

准备时间：10分钟
烹饪时间：50分钟
（含各种饧发时间）

玉米面的营养成分列表（每100克中含）					
成分名称	含量	成分名称	含量	成分名称	含量
能量（千焦）	1472	蛋白质（克）	8.1	脂肪（克）	3.3
碳水化合物（克）	75.2	膳食纤维（克）	5.6	维生素E（毫克）	3.8
钙（毫克）	22	维生素A（毫克）	7	胡萝卜素（毫克）	40
钠（毫克）	2.3	磷（毫克）	196	钾（毫克）	249
锌（毫克）	1.42	镁（毫克）	84	铁（毫克）	3.2

用料

玉米面100克

甜玉米粒30克

黄豆面50克

调料

白糖10克

酵母2克

糖桂花5克

做法

1.将玉米面、黄豆面、白糖、糖桂花、甜玉米粒混合。

2.酵母用30℃左右的温水化开，加入到上述玉米面的混合物中。

3.把面粉揉和成团，如果太干的话就加一点水调试，盖上屉布静置饧发15分钟。

4.把揉好的面团搓成长条，用刀切成等大的剂子，一个剂子大概约10克。

5.取一个剂子，用一只手的手心和另一只手的手指整形成小窝头的样子，手指把窝头底部顶出一个小窝。

6.待全部做好后盖上屉布，静置15分钟。

7.蒸锅加入水，放上潮湿的屉布，码上小窝头坯，大火烧开后转中火蒸15分钟左右即可。

糯糯的，软软的：

南瓜饼

准备时间：10分钟
烹饪时间：25分钟

用料

南瓜120克

糯米粉120克

调料

豆沙馅50克

植物油100毫升（实耗30毫升）

芝麻适量

小贴士

1.如果觉得南瓜的甜味还不够，就在和面的时候加糖，或蜂蜜。喜欢奶香味的，也可以加点牛奶，喜欢健康营养的，再加豆粉也可以。随你喜欢!

2.南瓜切成小块蒸的话，比较容易熟。此外如果嫌油腻，就少放些油，煎熟也可以。

南瓜的营养成分列表（每100克中含）					
成分名称	含量	成分名称	含量	成分名称	含量
能量（千焦）	92	维生素A（毫克）	148	胡萝卜素（毫克）	890
碳水化合物（克）	5.3	维生素C（毫克）	8	钾（毫克）	145
钙（毫克）	16	磷（毫克）	24	镁（毫克）	8

1　2　3　4

做法

1.南瓜洗净，去皮去籽，切成小块，上锅蒸20分钟。

2.南瓜蒸熟后，控干水分，放在小盆里捣碎制成南瓜泥，然后一点点地加入糯米粉，边加边揉，揉成不粘手的面团，要做到盆光面光。

3.将面团分成若干小块，每小块压扁包入一小团豆沙馅，封口揉光滑，轻轻压扁成小饼坯，再裹上芝麻。

4.锅中放油烧至温热，把南瓜饼放入，用小火浸炸，看到南瓜饼膨胀了，捞出待油温再升高时，放入再炸，这时南瓜饼就很脆了，可出锅了。

比潘多拉的盒子更吸引我：

韭菜盒子

准备时间：25分钟
（包括饧面时间）
烹饪时间：15分钟

128

用料

韭菜300克

鸡蛋2个

虾皮50克

面粉100克

调料

植物油1汤匙（15毫升）

香油1茶匙（5毫升）

盐1/2茶匙（3克）

小贴士

1.韭菜一定要尽量沥干，馅料太湿的话很容易把盒子皮弄破。

2.韭菜盒子不宜做太多，最好能现做现吃，放久了会影响口感。

做法

1.鸡蛋磕入碗中，加适量盐，打散，将鸡蛋炒碎。

2.韭菜择洗干净，洗净沥干水分，切成碎末。

3.把韭菜、虾皮和炒好的鸡蛋混合，加入盐、香油调味，搅拌均匀成馅备用。

4.另取容器，放入面粉，往中心部分加适量清水，将面粉揉成光滑的面团，饧20分钟左右。

5.面团饧完后，搓成条，然后切成大小均匀的小剂子，再将其一一擀成面皮备用。

6.取适量韭菜馅放入面皮中，以占面皮大小一半左右为宜，将面皮对折，用手捏紧封边。

7.锅加热后放少量植物油，把包好的盒子顺序放入锅里，小火慢煎至底部金黄，翻面再煎2分钟即可。

外酥里嫩，还流汤的大肉包：

生煎包

准备时间：30分钟
（不含发酵时间）
烹饪时间：20分钟

用料

面粉150克

酵母3克

五花肉120克

猪皮冻50克

调料

酱油1汤匙（15毫升）

料酒1汤匙（15毫升）

芝麻5克

姜2克

香葱10克

小苏打2克

植物油120毫升

做法

1.将姜和香葱分别切成末；将猪肉洗净，剁成肉蓉。

2.将猪肉放入盆中，加酱油、料酒、姜末和一半葱末搅拌，再放入猪皮冻末搅匀上劲，制成馅料。

3.干酵母用温水化开，酵母水倒入面粉中，加适量的温水，将面揉成光滑的面团，盖上湿布放在温暖处饧发1个半小时。

4.将发好的面搓成长条，摘成剂子，擀成圆面皮，包入馅料，成包子生坯。

5.将包好的生坯放置温暖处再次饧发20分钟左右。

6.平底锅放入植物油，三分热时摆入包子生坯，中间要预留空隙。

7.中火煎至包子底呈金黄色时倒入清水，水位到包子的1/3，加盖小火煎至水干，最后撒上剩余一半香葱末及芝麻即可。

像花一样！

四色蒸饺

准备时间：30分钟
（不含发酵时间）
烹饪时间：20分钟

用料

面粉100克

虾肉150克

熟蛋黄、熟蛋白、紫菜头、扁豆各50克

调料

盐、儿童酱油、香油各适量

做法

1.将面粉加入少许水和成面团，饧一会儿，用手搓成长条，揪成小剂子，再用擀面杖擀成饺子皮。

2.扁豆用沸水焯熟，切成末；紫菜头切成末；将熟蛋黄和熟蛋白分别切碎。

3.虾肉洗净，剁蓉，加盐、香油、儿童酱油搅拌均匀。

4.将拌好的虾肉馅放在饺子皮上，将面皮的对边向上捏在一起，旁边不要捏实，留4个洞口。

5.将蛋白末、蛋黄末、紫菜头末、扁豆末填在4个洞口内，蒸8分钟即可。

就像一朵朵盛开的小花：

鲜肉烧卖

准备时间：30分钟
（不含发酵时间）
烹饪时间：20分钟

用料

- 面粉100克
- 猪肉馅80克
- 姜5克
- 葱白10克
- 温开水50毫升
- 凉水20毫升

调料

- 老抽1茶匙（5毫升）
- 盐1/2茶匙（3克）
- 糖1克
- 香油1茶匙（5毫升）
- 植物油少许

做法

1.在面粉中分次倒入温水，边加水，边用筷子搅拌，揉成面团，盖上保鲜膜，饧20分钟。

2.将葱和姜分别切成末，将肉馅放入一个大碗中，再放入葱姜末搅拌，随后分次倒入10毫升的凉水，顺着一个方向搅拌均匀，直到肉馅将水分充分吸收。

3.在搅拌好的肉馅中，放入老抽、盐、糖、香油，搅匀。

4.将饧好的面揉搓成长条状，切成比饺子剂略大一些的剂子备用。

5.案板上撒上厚厚的一层面粉，把剂子按平后埋在面粉里，蘸上面粉后取出，再撒一层薄面，用擀面杖擀成四周有皱纹的面皮，需要双手配合，左手捏住面皮边擀边旋转，右手持擀面杖蹭着擀面，才能出现裙边。

6.在擀好的面皮上，放上肉馅，然后放到手的虎口处，边转边用手指将皮收紧。

7.在蒸锅的蒸屉上抹一层薄薄的植物油，大火加热蒸锅中的水，水开后放入烧卖，盖上盖子蒸10分钟左右即可。

第四章

我爱♥吃菜

闪亮的圣诞树：

五色炒鸡蛋

准备时间：30分钟
（不含发酵时间）
烹饪时间：20分钟

用料
••••

鸡蛋2个

火腿30克

虾仁30克

土豆20克

红椒10克

青菜丁10克

调料
••••

黄油1汤匙（15克）

盐2克

做法
••••

1.红椒洗净，去蒂、籽，切成小丁；土豆去皮，洗净，切成小丁；火腿切成小丁备用。

2.平底锅烧热，在锅中放入一小块黄油，烧至融化，放入红椒丁翻炒，再放入火腿丁、土豆丁翻炒约1分钟。

3.随后放入青菜丁，稍微翻炒一会儿，撒盐调味后把蔬菜在锅底摊平开来。

4.然后均匀地浇上鸡蛋液，并用小火慢烧。

5.待鸡蛋液凝固，再轻轻翻炒一下就可以了。

6.装盘时，用勺子慢慢地摆成圣诞树的形状即可。

美丽的太阳花：

彩椒煎鸡蛋

用料

红彩椒1个

黄彩椒1个

鸡蛋2个

调料

植物油1汤匙（15毫升）

盐1/2茶匙（3克）

黑胡椒碎1/2茶匙（3克）

小贴士

1.鸡蛋入锅时最好不要移动平底锅，这样蛋液不容易流出。

2.彩椒色彩鲜艳，且富含多种维生素（丰富的维生素C）及微量元素，很适合小孩子食用。

1

2

3

4

做法

1.将彩椒洗净后去蒂、籽，沥干水分，切成厚度约0.5厘米的彩椒圈。

2.平底不粘锅加热，倒入少量植物油抹匀锅底，将彩椒圈入锅。

3.将鸡蛋分别打入彩椒圈中，以中小火单面煎制。

4.待鸡蛋稍稍凝固，撒适量盐、黑胡椒碎调味；鸡蛋煎至蛋黄变熟熄火，随孩子的喜好搭配儿童酱油或番茄沙司食用即可。

连小碗都可以吃掉！

牛肉彩椒盅

用料

牛肉50克

青、红彩椒各20克

黄彩椒1个

青豆20克

玉米20克

胡萝卜20克

葱、姜、蒜末各少许

调料

植物油1汤匙（15毫升）

儿童酱油2茶匙（10毫升）

小贴士

1.牛肉丁可提前用淀粉浆制下，口感会更加嫩滑。

2.彩椒口感清甜，不难吃，而且维生素C含量非常丰富，适合生吃，但是一定要洗干净哦！

做法

1.将牛肉洗净，沥干水分后切成小丁；将部分三色彩椒、青豆、玉米和胡萝卜切成小丁。

2.将黄色彩椒清洗干净，在1/3高度切下顶盖，挖去黄椒内籽。

3.炒锅烧热倒入植物油，先下入葱、姜、蒜末翻炒出香味，再下入牛肉丁滑炒至变色，盛起备用。

4.炒锅再次烧热，倒入少许植物油，下入青豆、玉米、胡萝卜丁翻炒均匀，略加一点水，煮2分钟左右，下入彩椒丁和牛肉丁，翻炒均匀，淋入适量儿童酱油翻炒均匀。

5.将炒好的牛肉蔬菜丁装入将黄色彩椒碗中，让孩子趁热食用即可。

好想吃哦！

肉圆花菜小王子

144

用料

西蓝花100克

猪肉馅150克

荸荠50克

调料

盐2克

料酒3毫升

五香粉1克

葱末5克

水淀粉2茶匙（10毫升）

做法

1.荸荠洗净，去皮，剁成碎末。

2.将猪肉馅、荸荠末放入碗中，加入葱末、料酒、五香粉、盐、干淀粉充分拌匀，放置一边备用。

3.将西蓝花洗干净，掰成小朵，放入沸水中汆烫后取出，沥水备用。

4.带上一次性手套，取30克左右肉馅，搓成圆球，将小西蓝花朵插在上面，将所有的肉圆花菜依次做好，整齐地码在盘子中。

5.将水烧开，放入蒸架，放上肉圆花菜，盖上盖子，大火蒸5~8分钟。

6.蒸好后，将蒸制时产生的汤汁倒入一个干净的锅中，倒入水淀粉勾芡，然后将芡汁淋在蒸好的肉圆花菜上即可。

快乐的笑脸：

蕃茄牛肉土豆泥

准备时间：10分钟
烹饪时间：80分钟

用料

牛肉末50克

番茄1个

土豆1个

青豆、玉米粒各20克

胡萝卜丝、青椒丝各少许

调料

植物油1汤匙（15毫升）

姜末3克

葱末3克

料酒1茶匙（5毫升）

番茄沙司1茶匙（5克）

盐2克

鲜牛奶2茶匙（10毫升）

做法

1锅中倒少许植物油烧至八成热，放入姜末、葱末爆香，再倒入牛肉末翻炒，最好再加一些料酒，可以去肉的腥味。

2牛肉炒至八成熟时，倒入番茄末，不停地翻炒直到炒出番茄汁，加入少许番茄沙司调味，盛入碗中备用。

3将土豆洗净，放入沸水锅中煮熟，捞出，去皮，捣成土豆泥，撒少许盐、鲜牛奶搅拌均匀。

4把搅拌好的土豆泥，放在番茄牛肉酱的上层，并涂抹均匀。

5再点缀上玉米、青豆、胡萝卜丝、青椒丝做成可爱的娃娃笑脸就可以了！食用时，把番茄牛肉酱和土豆泥搅拌均匀后就可以享用了。

素菜吃出肉滋味：

手撕杏鲍菇

用料

● ● ● ●

小杏鲍菇4个

青红椒各20克

调料

● ● ● ●

蒜4粒

香油1茶匙（5毫升）

米醋1茶匙（5毫升）

盐3克

1　　　　　2　　　　　3　　　　　4

做法

● ● ● ●

1将杏鲍菇在清水中洗净，切成大片，放入蒸锅中以大火蒸8分钟，取出晾凉备用。

2将青红椒去蒂、籽，洗净，切成特别细小的末；大蒜去皮，洗净，同样切成细末。

3将切好的青红椒末、蒜末倒入小碗中，再加入米醋、盐、香油调味，充分搅拌均匀。

4带上一次性手套，将杏鲍菇撕成小条，摆入盘中，淋上调好的味汁即可。

黄油煎杏鲍菇

用料

杏鲍菇2个
黄瓜1小段

调料

盐1/2茶匙（3克）
黑胡椒碎1/2茶匙（3克）
黄油1汤匙（15克）

小贴士

1.杏鲍菇要切成小薄片而不是厚片，这样更容易入味，更容易熟。
2.黑胡椒要选择黑胡椒碎而不是黑胡椒粉。
3.必须选择动物黄油而不是植物的，实在没有黄油的话，可以用色拉油代替，但是味道会大有差别。

1 2 3 4

做法

1.将杏鲍菇在清水中洗净，沥干水分，切成3毫米厚的薄片；黄瓜洗净，切成薄片，平铺在盘中备用。

2.平底锅烧热，抹上一层黄油，完全融化后，转小火，将杏鲍菇铺于锅中。

3.在杏鲍菇表面撒一层盐，再撒一层黑胡椒碎，煎约半分钟。

4.将杏鲍菇片翻面，再撒上一层盐和黑胡椒碎，略煎半分钟即可出锅装盘码在黄瓜片上，趁热吃。

奶香紫薯泥

用料
....

紫薯200克

蛋黄沙拉酱30克

淡奶油100毫升

做法
....

1.将紫薯洗净，去皮，切成大块，放入蒸锅蒸熟。

2.待紫薯不是很烫的时候，带上一次性手套将紫薯捏碎。

3.在紫薯泥中倒入淡奶油，用勺子充分将其搅拌均匀。

4.将拌匀的紫薯泥装入保鲜袋中，用擀面杖压几下，使紫薯泥更细腻。

5.将紫薯泥装入裱花袋，在盘子中挤出一小坨紫薯泥，将所有的都挤好。

6.将蛋黄沙拉酱装入裱花袋，将蛋黄沙拉酱挤在紫薯泥上即可。

豆腐肉末酿香菇

用料

干香菇10朵

猪肉150克

豆腐100克

胡萝卜50克

调料

盐2克

料酒1茶匙（5毫升）

水淀粉1汤匙（15毫升）

做法

1.将干香菇放入清水中浸泡3小时，完全泡软，再次清洗干净，挤干水分，将香菇蒂剪下备用。

2.将猪肉洗净，切成末；胡萝卜去皮，洗净，切成末；将豆腐捏成泥；将香菇蒂切成末。

3.将肉末、胡萝卜末、豆腐泥和香菇蒂末放入大碗中，加入料酒、盐，用筷子搅拌2分钟。

4.将做好的豆腐肉馅酿在香菇伞中，将香菇伞整齐地码在盘子中。

5.将盘子放入蒸锅中，开火，水开后再蒸10分钟出锅。

6.出锅后将盘子中汤汁倒回锅中，用水淀粉勾一层薄芡，然后将汤汁淋在做好的香菇上即可。

包菜肉糜卷

用料

猪肉馅60克

生菜叶子6张

调料

蛋清1/2个

料酒1茶匙（5毫升）

盐2克

植物油少许

番茄沙司适量

小贴士

1.也可以用豆腐皮、千张皮、白菜叶子代替生菜叶子。

2.蒸的时间不要超过5分钟，不然馅老叶子黄。

3.馅不能包太多，不然容易不熟。

做法

1.将生菜叶子洗净，放入沸水中氽烫一下，水中加点盐和植物油，叶子烫软后立即捞出。

2.猪肉馅中放入料酒、蛋清、盐、植物油搅拌均匀备用。

3.生菜叶子中包入肉馅，不要包的太多，10克左右就可以了。

4.将包菜卷包好后整齐地码在盘中，取一锅蒸，大火烧开水后将盘子放入蒸锅。

5.大概蒸15分钟取出，将番茄沙司均匀地淋在菜卷上即可。

培根芦笋卷

用料

胡萝卜1根

长培根3片

芦笋200克

调料

黑胡椒碎少许

1   2   3   4

做法

1芦笋、胡萝卜去皮，洗净，切成长短粗细相当的细长段；培根改刀切短。

2将芦笋、胡萝卜段放入锅中焯水，捞出，沥水备用。

3取一片培根卷起适量的芦笋和胡萝卜段，并且用干净的牙签固定。

4将处理好的培根卷，放入平底锅中，用中小火煎制，煎至培根变色，换一面煎，在培根表面撒些少许黑胡椒碎即可出锅。

翡翠虾仁包

用料

虾仁50克

圆白菜叶3片

香菇1个

葱叶少许

调料

盐1克

姜汁、香油各少许

小贴士

1.妈妈们可根据需要将内馅换成其他口味，圆白菜叶可以用大白菜叶替换。

2.如果蒸制的时间过长，菜叶的颜色会变暗，因此馅料不易放得过多。

3.虾忌与某些水果同吃。虾含有比较丰富的蛋白质和钙等营养物质如果把它们与含有鞣酸的水果，如葡萄、石榴、山楂、柿子等同食，不仅会降低蛋白质的营养价值，而且鞣酸和钙离子结合形成不溶性结合物刺激肠胃，易引起人体不适，出现呕吐、头晕、恶心和腹痛腹泻等症状。海鲜与这些水果同吃至少应间隔2小时。

做法

1.圆白菜叶洗净，入沸水中烫软备用。

2.虾仁去虾线，洗净，用盐和姜汁搅匀，腌渍10分钟。

3.香菇去蒂，洗净，切成碎丁，入沸水中焯烫半分钟。

4.将香菇碎放入腌好的虾仁中，搅拌均匀，制成馅。

5.取1片圆白菜叶铺在案板上，取少许馅料放在中间，拉起叶子四周使其收拢，再用烫软的葱叶系好，这样翡翠虾仁包就完成了。用同样的方法将其余的全部做好。

6.蒸锅上火，加水烧开，把做好的翡翠虾仁包放入盘中，用大火蒸制8分钟即可。

妈妈蒸出绝世好滋味！

日本豆腐蒸虾仁

用料

日本豆腐1袋

鲜虾10只

黄瓜丁20克

调料

盐2克

料酒1茶匙（5毫升）

生抽1茶匙（5毫升）

淀粉1茶匙（5克）

做法

1.鲜虾清洗后挑出虾线去除表壳，洗净，加盐、料酒腌一下。

2.用刀把豆腐从中间切开（包装外部有虚线提示，按提示操作），分成两段后，拎起包装底部，轻轻把豆腐放到案板上，切成1厘米厚度的薄片。

3.把切好的日本豆腐均匀地摆入盘中，豆腐表面各摆放一只虾仁。

4.撒少许盐，放入锅蒸，锅中水开后5分钟取出，保持豆腐与虾鲜嫩的口感。

5.把盘中蒸出来的水分倒入炒锅中，将淀粉用水调均匀，倒入锅中，加入少许生抽，待形成薄薄的芡汁之后熄火。

6.虾仁上放上黄瓜丁点缀下，把芡汁浇在蒸好的豆腐虾仁上即可。

163

换个造型，感觉就是不一样！

蜂蜜棒棒翅

用料

鸡翅根8个

调料

蜂蜜15克

儿童酱油20毫升

蚝油12克

米酒1汤匙（15毫升）

大蒜2瓣

番茄酱10克

蜂蜜水适量

做法

1.鸡翅根洗净，沥干水分，用刀在根部切一圈，切断筋和肉；大蒜洗净，剁成蒜蓉。

2.然后用手将鸡翅肉往下扒到底，如果不好扒，用刀沿着骨头向下刮，注意不要将肉完全去骨。

3.将蜂蜜、儿童酱油、蚝油、米酒、蒜蓉、番茄酱充分拌匀，制成腌料。

4.鸡翅均匀地在腌料中滚一圈，至少腌3小时以上。

5.将烤箱预热至200℃，鸡翅骨头根部包上锡纸（防止烤的焦糊难看也方便拿取食用）。

6.入烤箱烤约20分钟左右，中间可以取出烤盘刷一次腌料，再放回烤箱继续烤5分钟即可。

第五章

我爱 ♥ 零食

以零食的名义吃肉！

自制猪肉脯

准备时间：10分钟
烹饪时间：30分钟

用料

猪肉馅220克

盐1茶匙（5克）

糖1茶匙（5克）

胡椒粉1茶匙（5克）

料酒1茶匙（5毫升）

生抽1茶匙（5毫升）

老抽1茶匙（5毫升）

蚝油1茶匙（5克）

蜂蜜1茶匙（5毫升）

白芝麻少许

小贴士

肉馅最好是自己剁的，不要买冷冻过的猪肉，新鲜的猪肉口感才最好。另外，猪肉要选择纯瘦肉，个人觉得后腿肉比里脊肉的口感更好些。

做法

1.将猪肉馅放入容器中，加入盐、糖、胡椒粉调味，朝一个方向搅拌上劲，继续加入料酒、生抽、老抽、蚝油，继续朝一个方向搅拌，搅好之后的肉能抱团，有筋性和黏性，不散，静置一旁腌制半小时。

2.把肉馅平铺在烤纸上，上面铺一张保鲜膜，用擀面杖将肉馅擀成薄薄的片。

3.肉馅擀好后，撕去保鲜膜，撒上白芝麻，轻压。

4.将烤箱预热至180℃，放入肉馅先烤15分钟，这个过程中会出一些水，肉变色变熟，体积略缩。

5.将烤盘取出，倒出渗出的水，在肉馅表面刷一层蜂蜜，反面也刷一层。

6.依然正面朝上（有芝麻的一面），再次将肉馅放入烤箱，以180℃烤继续15分钟即可。

番茄牛肉串

准备时间：10分钟
（不含腌渍时间）
烹饪时间：15分钟

用料

小番茄10个

生菜叶3片

鸡蛋1个

牛肉200克

孜然粉5克

盐5克

植物油适量

烤肉酱20克

做法

1.将小番茄洗净，沥干水分，对半切开；生菜叶洗净，切成手掌大的片，并且沥干水分备用。

2.将鸡蛋打成蛋液，加入少许盐调味；平底锅中倒入少许植物油，烧至约五成热的时候，将鸡蛋液均匀倒入平底锅中，晃动锅体，将蛋液摊成蛋饼皮，取出，切成小方片。

3.将牛肉洗净，沥干水分，切成小块，抹上烤肉酱、孜然粉，搅拌均匀，放入冰箱冷藏室中，腌渍30分钟备用。

4.将牛肉块用蛋饼皮包裹住，再用锡箔纸包裹好后，放入已预热的烤箱中，用220℃的温度烤约8分钟，待蛋饼皮双面呈焦黄色后取出蛋饼皮，续烤约2分钟后，取出牛肉块，稍冷却备用。

5.用生菜叶包裹剖半的小番茄、蛋饼皮包裹的牛肉块用竹扦串起组合成串即可。

多吃，长高高！

麻辣牛肉干

准备时间：10分钟
（不含腌渍时间）
烹饪时间：15分钟

用料

牛肉500克

盐2茶匙（10克）

生姜2片

花椒粒10粒

辣椒粉2茶匙（10克）

花椒粉2茶匙（10克）

熟白芝麻2茶匙（10克）

料酒1汤匙（15毫升）

糖2茶匙（10克）

生抽1汤匙（15毫升）

孜然粉2茶匙（10克）

植物油适量

小贴士

关于肉条的切法，如果喜欢更有嚼劲的，就顺着牛肉的纹路切，或者干脆用手顺着纹路撕，粗细和长度孩子喜欢就好，不过不要太粗或者太细，以免影响口感，要是喜欢嚼劲一般的则反之，或者像我一样，一半一半。

做法

1.将牛肉洗净，沥干水分，切大块，加姜片放入锅中，加入适量清水，大火煮开，煮至水沸腾后继续煮5分钟左右至所有肉块表面变白后关火。

2.将飞水后的牛肉块捞出，放入电高压锅内胆中，加入到肉高度2/3处的清水，以及盐、姜片、花椒粒，选择"豆类、蹄筋"功能键，煮至牛肉熟透。

3.等到高压锅自然减压后打开锅盖，捞出煮好的牛肉块，放至不烫手后切成比食指稍细，长度大概4厘米左右的牛肉条。

4.锅内放入适量植物油，烧热，倒入切好的牛肉条，中小火慢炸并不停翻炒。

5.待肉表面稍微变深，加入料酒、生抽、盐，继续翻炒，当牛肉干炒至表面变干时，加糖继续翻炒，快出锅前加入辣椒粉、花椒粉和孜然、白芝麻粉翻炒均匀即可。

彩椒鸡肉串

准备时间：10分钟
烹饪时间：5分钟

用料

鸡脯肉1块

洋葱30克

青椒1/2个

红椒1/2个

黄椒1/2个

蛋清少许

料酒2茶匙（10毫升）

盐1/2茶匙（3克）

酱油1/2茶匙（3毫升）

胡椒粉1/2茶匙（3克）

咖喱粉1/2茶匙（3克）

泰式甜辣酱2汤匙（30毫升）

白芝麻1茶匙（5克）

植物油2汤匙（30毫升）

小贴士

鸡肉串的调味料可以根据孩子的口味随意调整。如果孩子喜欢孜然，就在腌制鸡肉时放进去即可。

   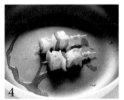

1　　2　　3　　4

做法

1.鸡脯肉洗净，切成1厘米见方的块，用料酒、蛋清、盐、酱油、胡椒粉和咖喱粉抓拌均匀，腌制20分钟。

2.将青、红、黄椒去蒂、籽，洗净，切成长宽均为1厘米左右的片；洋葱去掉外皮、根，洗净，切成同彩椒大小的片。

3.用竹扦将鸡肉块、洋葱片和青、红、黄椒片，串在一起。

4.平底锅中倒入适量植物油，烧热至七成热后调成中火，放入鸡肉串双面煎熟取出，淋上泰式甜辣酱，撒少许白芝麻即可。

超人气劲爆

炸鸡米花

准备时间：15分钟
烹饪时间：5分钟

用料

鸡脯肉100克

面粉适量

面包糠适量

鸡蛋1个

胡椒粉少许

盐1茶匙（5克）

料酒1茶匙（5毫升）

植物油100毫升（实耗30毫升）

番茄沙司2汤匙（30克）

小贴士

在家炸制食物，比如鸡米花，量少、肉块个又小，不必使用大的炒锅倒入半锅油，取家里最小号的汤锅就可以，有的小号汤锅跟家里普通饭碗一样大，只要倒少许油，能淹没鸡肉的2/3就可以炸得很好了。

1　2　3　4

做法

1.将鸡脯肉洗净，切成小块，放入容器中，加入盐、料酒、胡椒粉拌匀腌渍15分钟。

2.将面粉、蛋液、面包糠分别放入三个容器内。

3.将腌渍好的鸡块先裹上一层面粉，再裹上蛋液，最后是面包糠，鸡肉因为切了小块，数量较多，一个一个裹会很浪费时间，可以将所有鸡块倒入面粉碗中，然后不停摇晃面粉碗，使每块鸡肉都能均匀包裹上一层面粉，裹面包糠也是如此。

4.选择一个较深的小锅，烧热后，倒入植物油，烧热至五成热时，逐个放入鸡肉块，用中小火将鸡块炸至金黄色，捞出，大火将油烧热，将鸡肉块再次放入油锅中复炸一次，捞出沥油，与番茄沙司搭配食用即可。

天妇罗炸虾

准备时间：5分钟
烹饪时间：5分钟

用料

鲜海虾6只

蛋黄1个

面粉50克

盐2克

白胡椒粉2克

植物油适量

做法

1.将面粉过筛；蛋黄在碗中打散；白胡椒粉与盐混合，制成调味料备用。

2.鲜海虾用流动的水冲洗干净，沥干水分，去头、壳、沙线，保留尾壳，用厨房用纸将虾身上的水分吸干，再在虾腹处斜划两刀，并按压虾背使虾筋断裂。

3.在打散的蛋黄中加入清水，充分调匀，倒入面粉，搅拌均匀，制成用来炸天妇罗的面糊备用。

4.炸锅中倒入适量植物油，以大火将其烧热，待油温烧至六成热时，转中火，将切好的大虾均匀地裹上面糊，放入油锅中，用筷子来回搅动，将大虾炸至酥脆后捞出，再转成大火，将大虾放入复炸一次。

5.将炸好的大虾捞出，沥干油分，放在厨房用纸上将大虾表面的油吸干，食用时蘸着调味料即可。

又天然又纯脆！

苹果脆片

准备时间：5分钟
烹饪时间：2分钟

用料

苹果1个（约250克）

新鲜柠檬汁1汤匙（15毫升）

小贴士

苹果脆片讲究的是用100℃的低温长时间烘烤，使苹果片里的水分完全烘干。烘干的具体时间，根据烤箱的实际温度情况及苹果片切的薄厚，会有较大的差别，一般需要2个小时以上。烘干后的苹果片可以明显看出已经脱水，但捏上去可能仍软软的，一旦从烤箱取出冷却后就会变得非常脆。如果苹果片冷却后还是软的，说明水分没有完全烘干，需要放入烤箱继续烤。

做法

1.将苹果洗净，去核，切成4块，再将苹果切成很薄很薄的片。

2.柠檬洗净，挤出柠檬汁备用。

3.在清水中放入柠檬汁搅匀，将切好的苹果片放入柠檬水里浸泡15分钟。

4.将浸泡好的苹果片取出，沥去表面水分，并整齐地摆在烤网上。

5.将烤箱预热至100℃，将烤网放入烤箱中，烤约2个小时，直到苹果片里的水分完全烤干。

6.烤好并冷却以后，苹果片就会变脆，从烤网中取下即可。

牛油果金枪鱼鸡蛋盅

准备时间：5分钟
烹饪时间：15分钟

用料

牛油果1/2个

鸡蛋3个

金枪鱼罐头（浸油）90克

甜玉米粒30克

盐2克

黑胡椒碎2克

香芹末1汤匙（15克）

蛋黄酱1/2汤匙（8克）

小贴士

给孩子做沙拉的牛油果，在挑选的时候，要选择颜色发深发暗的那种，青绿色的牛油果通常没有成熟到位，果肉会比较硬，而发深发暗的牛油果肉质比较软，适合做蘸酱或者沙拉，也没有夹生的味道。

做法

1.牛油果洗净，对半切开，将皮去除；金枪鱼从罐头中取出，切成碎末备用。

2.将牛油果果肉放在容器中，用勺子或其他器具碾碎成牛油果酱。

3.将碾好的牛油果酱、金枪鱼碎、甜玉米粒和蛋黄酱混合在一起，搅拌均匀。

4.加入盐和黑胡椒碎，调味。

5.鸡蛋洗净，放入沸水中煮8分钟，捞出，用凉水浸泡，沥干水分。

6.将鸡蛋去壳，切半，将蛋黄抠出，蛋清留着备用。

7.将蛋黄加入沙拉中，碾碎，搅拌均匀。

8.将沙拉装入鸡蛋盅内，表面加香芹末装饰即可。

向香蕉看齐!

冰镇五彩香蕉

准备时间：10分钟
烹饪时间：5分钟

用料
. . . .

香蕉3根

巧克力150克

麦片30克

椰蓉10克

花生10克

彩色巧克力糖适量

小贴士

香蕉是非常好的食材，做的冰镇五彩香蕉上面的蘸料可以依据孩子的口味自由变换，如草莓、猕猴桃、芝麻、核桃碎等，都是非常好的选择！

做法
. . . .

1.香蕉剥去外皮，斜切成块，用水果叉将香蕉固定住备用。

2.麦片切成碎末；花生放入食物搅打机中，搅打成花生碎；巧克力切成碎末。

3.将切好的巧克力碎隔水融化，取出后晾至巧克力液变得稍浓稠一点。

4.将切半的香蕉均匀地裹上一层融化后的巧克力液，再取一根香蕉在麦片碎粒中滚一圈蘸满麦片，以此类推分别蘸花生碎、椰蓉、彩色巧克力糖，全部用料都蘸好后，将香蕉放在不蘸布上，冷却成形。

5.如果是炎热的夏天，可以将香蕉放在冰箱冷藏室中冷藏10分钟左右，冰镇的脆皮香蕉就做好了。

豪华香蕉船

Bananaboat!

准备时间：10分钟
烹饪时间：5分钟

用料

香蕉1根

冰淇淋（三种口味）各1球

猕猴桃、水蜜桃、菠萝共100克

巧克力酱20毫升

彩色卡通糖2克

盐1克

小贴士

香蕉船的做法很随意，其实就是一款冰激凌的总汇，用什么样的容器并不重要，选用不同的冰激凌和水果种类即是豪华的要素了。如果再有些手指饼干、卡通糖果、果酱、酸奶等作装饰，就完全可以与哈根达斯媲美了。

1

2

3-1

3-2

做法

1.首先将香蕉剥去外皮，然后将香蕉纵向对半切开，放入淡盐水浸泡2分钟，防止氧化变黑。

2.猕猴桃、菠萝、水蜜桃洗净，去皮，切成小块备用。

3.选用长椭圆或船形容器，底部垫一层冰块，香蕉摆放在容器内的两侧，中间放入冰激凌球，撒上新鲜的水果块，淋上巧克力酱、彩色卡通糖即可。

谁也不能阻止我去吃掉它！

木瓜椰汁冻

准备时间：5分钟
烹饪时间：25分钟

用料
....

木瓜1/2个

椰浆200毫升

果冻粉12克

小贴士

如果买不到椰浆，也可以用牛奶或椰子粉加水代替，或者买市售的椰汁。如果用牛奶或者椰子加水，可根据口味适当地添加糖以增加甜味。如果用椰汁，可以不加。

1　　　　　2　　　　　3

做法
....

1.将木瓜表皮洗净，从中间对半切开，挖去中间的木瓜子，做成木瓜盅盛器。

2.将椰浆和果冻粉混合，搅拌均匀，放在小火上，加热至沸腾，搅拌至果冻粉完全溶化，熄火，晾至常温备用。

3.椰浆倒入木瓜盅内，放冰箱冷藏20分钟至凝固；食用前切小块即可。

每天一根，好不好？

奶油芒果雪糕

准备时间：5分钟
烹饪时间：5分钟
（不含冷冻时间）

用料

牛奶250毫升

芒果240克

淡奶油80克

细砂糖50克

小贴士

1.用以上材料的量大约可以做类似模具4根左右。

2.用料中提到的糖量只是一个参考，因为经过冷冻以后一般甜度都会降低（当然也跟不同品种芒果的本身含糖量有关），所以合适的甜度是最好是能够大于未经冷冻前孩子所能承受的甜度。

做法

1.将芒果洗净，去皮、核，切成小丁。

2.将牛奶、切成小块的芒果丁、砂糖放入食物搅打机中，搅打成糊状。

3.将打好的芒果牛奶糊倒入一稍大容器中，再拌入淡奶油（不用打发），拌匀。

4.将拌好的雪糕糊装入准备好的模具中，盖上盖子，放冰箱中冷冻过夜即可。